园林景观设计案例与解析

于显威 / 主编

化学工业出版社
·北京·

内容简介

本书精心选取了不同类型的园林景观设计案例，注重设计逻辑的分析：场地赋形案例，以场地概念图为起点，讨论注入几何图形和自然形态的过程，以及不同形状所代表的情感意义；空间营造案例，讨论空间的围合、界面性质、空间过渡与转换、空间组织形式等问题；植物栽植案例，讨论植物的功能、美学特征、栽植形式等问题；环境取象案例，探讨从背景环境中提取自然的、人文的因素注入设计，即所谓的设计与基地关系问题；大尺度规划案例，重点讨论功能区组织问题。

本书适合作为风景园林及景观设计相关专业的教材，也可作为从事园林景观设计工作人员的参考书。

图书在版编目（CIP）数据

园林景观设计案例与解析 / 于显威主编. -- 北京 : 化学工业出版社，2024.12. -- ISBN 978-7-122-46745-4

I. TU986.2

中国国家版本馆CIP数据核字第2024E8U925号

责任编辑：毕小山　　文字编辑：冯国庆
责任校对：王　静　　装帧设计：刘丽华

出版发行：化学工业出版社（北京市东城区青年湖南街13号　邮政编码100011）
印　　装：北京瑞禾彩色印刷有限公司
787mm×1092mm　1/16　印张 $17^1/_4$　字数372千字　2025年4月北京第1版第1次印刷

购书咨询：010-64518888　　售后服务：010-64518899
网　　址：http://www.cip.com.cn
凡购买本书，如有缺损质量问题，本社销售中心负责调换。

定　　价：86.00元

编写人员

主　编　于显威（辽宁生态工程职业学院）
副主编　张苏娟（辽宁生态工程职业学院）
参　编　李天娇（辽宁生态工程职业学院）
姜　龙（辽宁生态工程职业学院）
郭屹岩（辽东学院）
陈晓春（沈阳市市政工程设计研究院有限公司）
迟　翔（辽宁省城乡建设规划设计院有限责任公司）

前言

本书选择了当代园林与景观设计的一些优秀作品，从五个视角——场地赋形、空间营造、植物栽植、环境取象、大尺度规划，按涉及的典型知识与方法要素，对案例展开剖析，分别试图建立重要和必要知识与案例中设计成果之间的“因果关系”，而且试图将项目的现状条件、业主需求、设计师理念和方法与设计成果之间的“逻辑关系”贯彻所有案例；各部分案例的侧重点虽然不同，但是彼此间内容上绝不是独立和排斥的，每个案例可能都涉及上述五个方面，也可能是五个方面的组合。从形式上，附加了较多的案例教学元素，通过以布鲁姆教学目标体系为参照的课堂教学目标，以学生为主体的案例分析和研讨的内容与进程，以及简单明确且可测度的技能训练，试图呈现案例教学的基本样貌。本书从专业职责与职业道德、社会责任与社会问题、传统文化与历史三个方面进行了课程思政的设计，在案例或相关知识的位置为课程思政教育提供相关参考学习内容，力求满足读者的阅读需求。从编排上，本书采用各案例相对独立的灵活形式。

本书由两所学校与企业合作编写而成。其中案例一至四由李天娇编写，案例五至八由张苏娟编写，案例九和十七由迟翔编写，案例十至十二由姜龙编写，案例十三至十六由于显威编写，案例十八和十九由郭屹岩编写，案例二十和二十一由陈晓春编写。于显威负责全书统稿，陈晓春负责审校。

由于水平所限，书中难免出现不妥之处，敬请指正。

编 者

2024年8月

第一章　场地赋形 // 001

第二章　空间营造 // 047

第一章

场地赋形

园林景观设计的过程，通常是用有形的方式对环境进行简化、提炼、象征、再现、组织的过程。景观设计师施瓦茨说：“我作为艺术家的趣味常体现在几何形式的神秘品质和它们相互的关系上。”因此，当我们赋予场地一定的几何形态和秩序时，就把园林与人类的思想结合在了一起，使得园林看起来是经过设计的。本章主要探讨几何形状在景观设计中的应用问题。

案例一

在植物的海洋中漂浮
——布鲁克林海军公墓景观设计

- **项目信息**

设计者：Nelson Byrd Woltz Landscape Architects

项目地点：美国纽约，布鲁克林

项目分类：主题公园，休闲娱乐

- **教学目标**

知识目标：① 掌握圆形的情感意义

② 了解生态设计的内涵

技能目标：① 具有采用多圆进行结构设计的能力

② 能够灵活运用 CAD 进行多圆结构组合

素质目标：① 培养严谨细致的工作作风

② 初步确立生态设计理念

一、详述：布鲁克林海军公墓景观设计

海军公墓景观是布鲁克林绿道计划（Brooklyn Greenway Initiative）的第一个新建公共开放空间，整体规划沿着26 mile(1mile＝1609.344m,下同)的滨水绿道延伸。该项目的场地曾经是布鲁克林海军医院的非正规墓园，经过此次重建，重新激活了原本废弃的地块，成为一个具有文化和生态意义的公共空间，在密集的城市环境中创造出平静、安宁且能够唤起回忆的体验。

入口凉亭作为通向景观的门槛，引导游客走进起起伏伏的木栈道。木栈道“漂浮”在由本地植物、莎草科植物和其他草本植物构成的海洋上，将人们的视线引向纪念草坪和远处的神圣树林。植物品种的选择重点是为蝴蝶、蜜蜂和蛾类建立必要的本地植物食物来源——这些传粉昆虫对于该地区的生态健康和社区花园环境有着至关重要的作用。海军公墓是一个广泛开放的景观空间，为其所在的人工环境提供了一处涤荡身心的休憩之所。

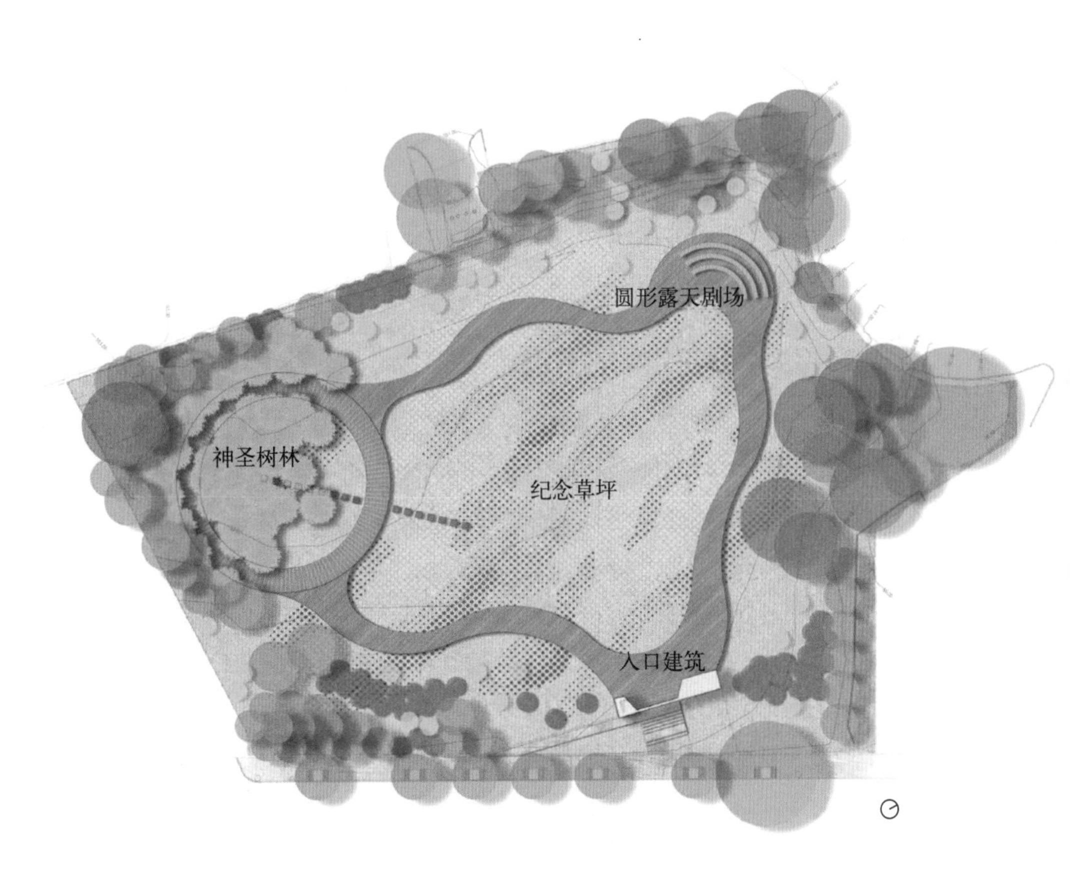

▲ 海军公墓景观设计总平面图

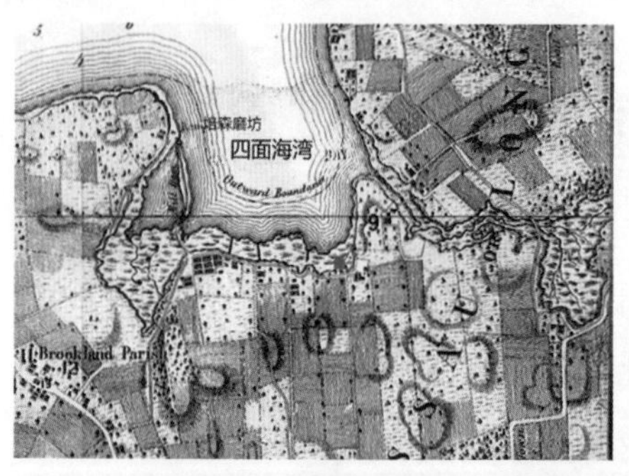

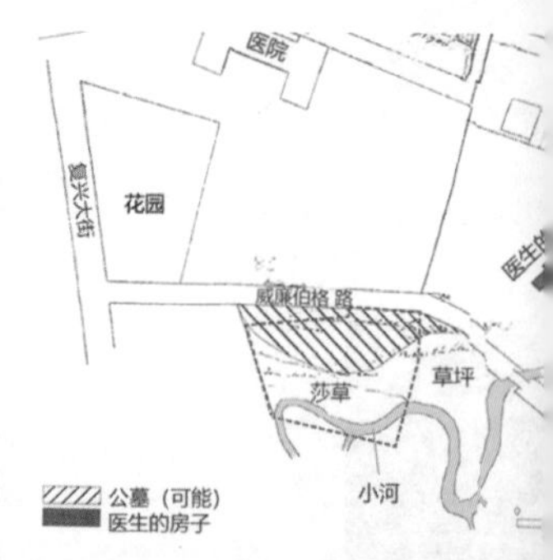

▲ 用于公众展示的历史研究资料——蜿蜒的木栈道使人联想到如今已经被完全掩埋的Wallabout溪流形态；纪念树林则呼应了场地的农业历史

▲ 公园入口框出位于后方的纪念草坪的景色

▲ 抬升于地面的木栈道犹如“漂浮”在草地上。定制的菱形桥墩系统使步道得以轻盈而稳固地坐落在土地之上

通过与具有远见卓识的客户以及多方利益相关者的合作，景观团队得以成功完成这个具有重要意义的、根植于场地历史和生态环境的项目，同时回应了街区乃至整个社区对于开放空间的需要。尽管有着严格的场地限制，设计方案仍然在形式和材料等各个方面展现出对真实性、功能性和简洁性的注重，最终营造出亲切又实用的景观体验，使游客们的感知与季节变化形成微妙的联动。

作为主要客户，布鲁克林绿道计划（BGI）和NatureSacred基金会为项目提供了资金支持，使其得以从愿景变为现实。NatureSacred基金会致力于帮助城市创建能够减缓压力、改善健康并加强社区凝聚力的绿色空间；十多年来BGI一直努力推动布鲁克林滨水绿道的发展、建立和长期管理。

新公园延续了NatureSacred基金会的使命：通过启发心智、修复心理健康和加强社区的方式来重建人与自然的连接。根植于大量的研究和公众参与，设计方案回应了公园周围的文化历史、城市和社会文脉，以及场地曾经作为布鲁克林海军医院墓园的现实背景。葱郁的环境为授粉物种提供了栖息地，并借助蜿蜒的木栈道为市民们创造了亲近自然和放松身心的机会。通过内敛克制的手法，景观团队在植被的海洋中打造出一条流动的河，展现了兼具抚慰功能和纪念功能的设计美学。

在穿过景观大门之后，游客会立刻置身于一个远离城市喧扰的宁静祥和之地。在公园内部，纪念草坪、露天剧场和神圣森林被一条蜿蜒的洋槐木栈道连接起来。场地周围种植着本地乔木和灌木，将附近的建筑物以及布鲁克林皇后区的高速公路遮挡起来。层层包围的自然世界将使游客们在不知不觉中抛却紧张的情绪，进入冥想和遐思的状态。

▲ 洋槐木栈道提供了多个方向的界面，在为景观赋予统一性的同时将人们的视线引向周围的草地

▲ 与木栈道交错而置的花岗岩块使人联想到石碑和海军造船厂的石锚，为游客带来深入体验草坪的机会

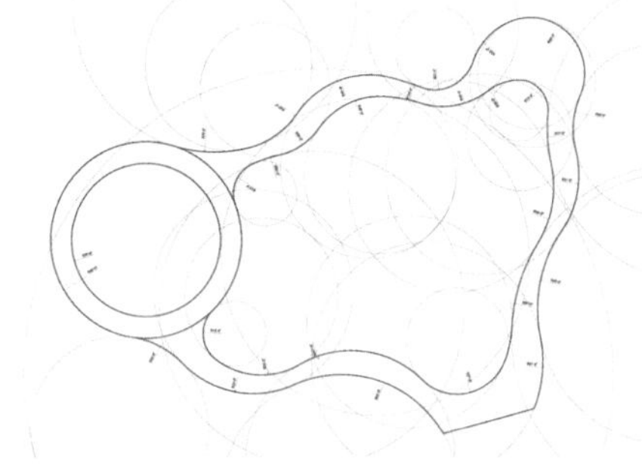

▲ 示意图，阐释了木栈道基本几何形状形成的过程

▲ 露天剧场带来聚会的空间，使游客得以观看到不断变化的景致

基于既有墓园的敏感属性，现场设计和施工需要考虑的一个关键因素是国家历史文物保护部门规定的限制条件，即禁止对地面进行深度超过4in（10.16cm）的干扰。为此，设计团队开发了一种利用预制菱形桥墩系统来支撑木栈道和入口建筑的建造方法。

野花草坪的设计和安装同样体现出对敏感场地的回应：植物的品种主要基于四季的色彩、形态、纹理的互补性以及对授粉昆虫和其他野生动物的有益程度来挑选。纪念草坪包含了50多种植物，其重点是为传粉者建立良好的本地植物环境——这对当地的生态健康而言至关重要，同时也有利于促进场地周围社区花园的发展。野花草坪种植着乳草属植物，能够吸引黑脉金斑蝶，并为其幼虫提供养分；此外还有香蜂草、秋麒麟、紫松果菊、山薄荷和二色金花菊等，种类十分丰富。

曲折的小路让漫步的过程充满宁静与休养生息之感。由花岗岩石块铺设的路径作为轴线在场地中纵横交错，一方面致敬了海军基地的工业历史，另一方面为人们提供了额外的深入草坪的机会。河流般的路径蜿蜒地“流淌”在原生的草海之上，并一直延伸到黑樱桃树林深处，营造出被自然包围和庇护的感觉。由NatureSacred基金会捐赠的长椅上附带一个小本子，可供游客们在参观海军公墓景观时记录自己的心情和想法——其中充满了祝福和治愈的留言。

社会科学家们试图利用现场和笔记来研究自然体验对于参观者身心健康的积极影响，以及城市环境对人带来的改变。在NatureSacred基金会的推动下，从该项目产生的数据和笔记将被用于越来越多的研究工作，为景观在促进人类智力发展、增强社会和情感连接以及提高恢复和治愈能力上的重要作用提供证据。

▲ 夏日盛开的野花吸引着人们漫步其中

▲ 郁葱的植物使人沉浸在宁静的氛围之中

▲ 蜜蜂养殖是公园举办的众多户外教育活动之一

▲ 公众可以参与公园的多种活动，例如生态学研讨会、冥想小组和每周三的瑜伽之夜

▲ 植物的形态决定了景观设计，让植物的丰富性和生命力得到进一步彰显

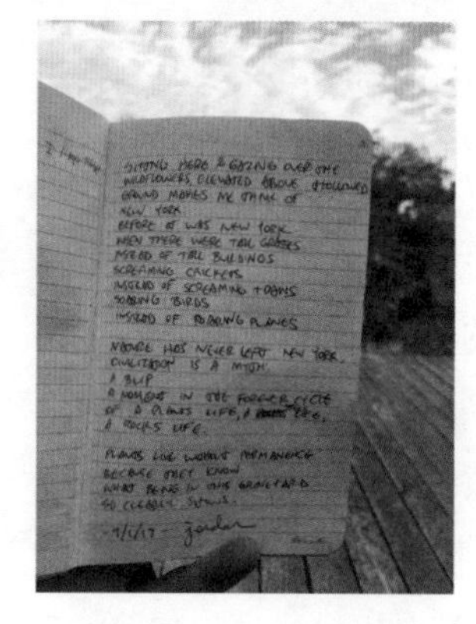

◀ 长椅上附带的笔记本，记录了公众对海军公墓景观的体验和感受，并为其他游客留下信息

朴素而沉静的景观以轻柔的姿态唤起了人们对于定居与耕种、生存与死亡的历史的思索，游客们在舒缓心跳的过程中静静地感受场地讲述的故事。在公园中举办瑜伽、冥想活动以及养蜂和生态学课程的同时，也为游客提供了参与草地四季变化的机会，潜移默化中增强了社区的凝聚力。与此同时，公众得以在享受自然的过程中了解授粉物种栖息地对城市环境的重要意义。新的生命被吸引到场地之中，以一种奇妙的方式回应了这个原本为纪念死亡而建造的场地。

2020年SLA评审委员会对本方案做出如下评价："该项目将布鲁克林海军医院的前墓地重新开辟为生机盎然的城市公园，并成为26mile长的布鲁克林绿道中的第一个重要节点。一条无障碍的木栈道如河流一般在场地内蜿蜒，在实现轻微介入的同时，引导游客们穿越起伏而葱郁的授粉物种栖息地，并深入樱桃树林。细致入微的设计，包括木栈道的精确导向和布局，展现出对场地敏感性的谨慎应对。项目共占地1.7英亩（1英亩＝4046.86m^2,下同），在城市靠近高速公路的工业地带创造了一处生长着大量本地植物的世外桃源，宁静的自然环境为人们提供了一个远离都市喧扰的憩息场所。"

案例分析任务表一

<table>
<tr><td>项目名称</td><td colspan="6"></td></tr>
<tr><td>项目类型</td><td colspan="2"></td><td colspan="2">项目面积</td><td colspan="2"></td></tr>
<tr><td>设计团队</td><td colspan="2"></td><td colspan="2">建成年份</td><td colspan="2"></td></tr>
<tr><td>项目所在地</td><td colspan="2"></td><td colspan="2">气候特点（包括温度、降水）</td><td colspan="2"></td></tr>
<tr><td colspan="7">任务一：设计理念与策略分析</td></tr>
<tr><td colspan="3">项目的设计理念提炼</td><td colspan="4">项目所采用的设计策略</td></tr>
<tr><td rowspan="3">场地需解决的问题</td><td colspan="2"></td><td rowspan="3">解决问题的方法</td><td colspan="3"></td></tr>
<tr><td colspan="2"></td><td colspan="3"></td></tr>
<tr><td colspan="2"></td><td colspan="3"></td></tr>
<tr><td rowspan="2">业主需求</td><td colspan="2"></td><td rowspan="2">满足业主需求的方法</td><td colspan="3"></td></tr>
<tr><td colspan="2"></td><td colspan="3"></td></tr>
<tr><td rowspan="2">设计目标</td><td colspan="2"></td><td rowspan="2">实现设计目标的方法</td><td colspan="3"></td></tr>
<tr><td colspan="2"></td><td colspan="3"></td></tr>
<tr><td colspan="7">任务二：平面构图分析</td></tr>
<tr><td>序号</td><td>平面构图要素</td><td>图形的数量</td><td>实现构图的园林要素</td><td>园林要素的材质、色彩</td><td>通过平面构图形成的功能空间</td><td>其他</td></tr>
<tr><td></td><td></td><td></td><td></td><td></td><td></td><td></td></tr>
<tr><td></td><td></td><td></td><td></td><td></td><td></td><td></td></tr>
<tr><td></td><td></td><td></td><td></td><td></td><td></td><td></td></tr>
<tr><td colspan="7">任务三：思考题</td></tr>
<tr><td colspan="7">1. 园林规划设计中，正圆形平面构图有什么特点和优势？
2. 请根据项目资料，总结城市公园开发建设的步骤和流程。
3. 什么是纪念性园林景观？纪念性园林的特点有哪些？本设计中哪些元素体现了纪念性？</td></tr>
<tr><td colspan="7">任务四：个人或学习小组对项目的评价（印象最深刻的是什么？感觉怎样？）</td></tr>
<tr><td colspan="7"></td></tr>
</table>

二、技能训练：圆形主题形状训练

请根据下方给出的某园林项目设计思路和概念设计图，使用圆形（含圆弧）作为构图要素进行平面构图设计，并绘制相应图纸。

设计要求：

① 有环形道路可以走遍整个空间；

② 有供人们交流的较大面积的草坪；

③ 有具有私密性的小草坪空间；

④ 有供聚餐使用的家具及铺装地面空间；

⑤ 具有较多数量的坐凳供人们休息；

⑥ 整个园林空间中具有一个景观及视觉焦点；

⑦ 有明显的竖向围合保证整个园林空间的私密性；

⑧ 保留两个主要的出入口；

⑨ 从室内的窗户能够观赏到全园的景致。

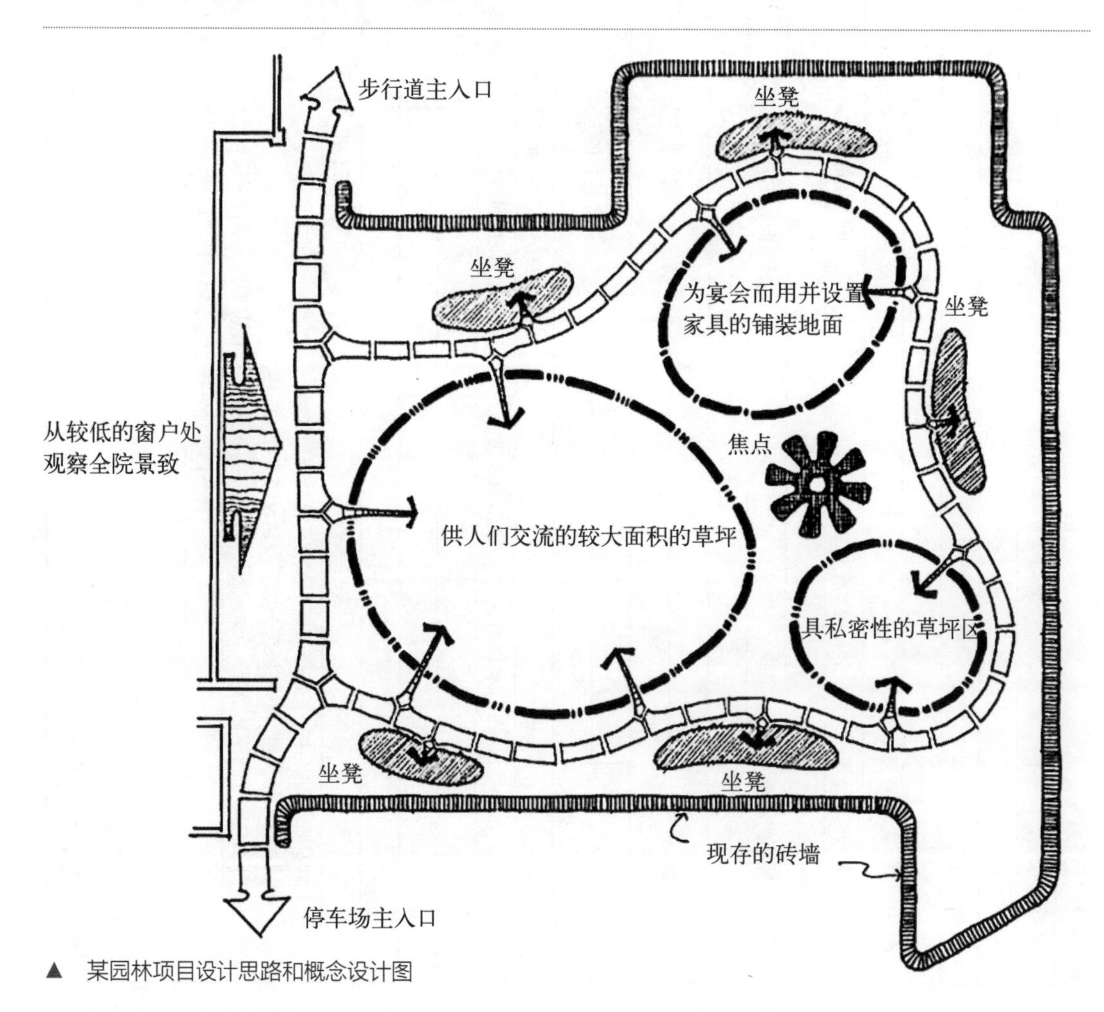

▲ 某园林项目设计思路和概念设计图

三、知识提点

知识点1　圆形的表达及景观应用

（1）圆形的情感意义

圆形最早是从自然中观察得出的几何图形，太阳、行星、光晕等都是圆形的具象表现，而从具象表现中延伸出的团圆、圆满、融合、和谐等意象也可以用圆形来表达。圆形，在景观设计中可以用于表达非常愉快、温暖、柔和、湿润、有品格、开展、平等、和谐、圆满等氛围。圆形线条柔和，具有很强的包容性，圆的重复、融合、叠加、描边等形式能够应用在不同的场景中。圆的魅力在于它的简洁性、统一感和整体感，具有运动和静止的双重特性。多个圆还可以用于塑造自由曲线一般的美感。

（2）圆形的组织原则

① 从一个圆开始，复制、扩大、缩小，做不同的变化。

② 多个圆相交时，弧与弧的交角最好接近90°。

③ 圆与其他直线或者图形衔接时，最好正对圆心或中轴。

（3）圆形设计应用示例

▲　圆形结构组织庭院

知识点2　生态设计中的开花植物与昆虫及冻融作用

虫媒花在利用美丽的花被、芳香的气味、甜美的蜜汁招引昆虫的同时，在形态结构上也和传粉的昆虫形成了互为适应的关系。如花的大小、结构和蜜腺的位置与昆虫的大小、体形、结构和行动等都是密切相关的。

不同种类的昆虫为特定的开花植物传送花粉，同时以这些植物的花粉作为自己的营养物质。在这种互利互惠、相互适应的过程中，它们各自的种族都得以繁衍。花与昆虫的关系不是一朝一夕形成的，它是在长期的生物进化过程中，植物与昆虫彼此相适应的结果。良好的生态设计，必须考虑到昆虫和开花植物的彼此需求，恰当地使用花灌木和开花植物。

在寒冷气候或者天气条件下，土壤或岩层中冻结的冰在白天融化，晚上冻结，或者夏季融化，冬季冻结，这种融化、冻结的过程称为冻融作用。在冻融过程中，进入的水汽因受冻而结冰，体积膨胀，对建筑材料产生压力；融化时，水汽会进一步渗入缝隙；或者，构成建筑材料的不同矿物，在冻融过程中膨胀与收缩的程度不同，均会使建筑材料的内部结构遭到破坏，称为冻融性破坏。在园林建设中，因温度和水而导致的冻融作用，对材料、形式的使用影响很大。

▲ 异花授粉植物与授粉昆虫

四、扩展阅读：园林景观设计与工匠精神

工匠精神不仅仅是一种职业精神，更是职业道德、职业能力的体现，是从业者的一种职业价值取向和行为表现。“工匠精神”的基本内涵包括敬业、精益、创新等方面内容。对于园林设计的关键影响因素就是“匠心”“匠智”“匠工”，这是园林设计者与施工者都必须要具备的工匠精神，只有将这种精神完美地融入园林设计之中，才可以创造出造型精致美观、结构布局合理、园林意境深远的新时代园林景观。

只有自身具备真正“工匠精神”的园林设计工作者，才可以更全面认识技术与艺术之间更深刻的关系，也能够更好地处理园林设计开展过程中两者之间的关系，从而设计出景色优美、底蕴丰富的园林景观环境。

案例二

高密度校园里的绿洲——北京大学果雨花园

• 项目信息

设计者：北京大学校园公益营建社，张浩，卓康夫等

项目地点：中国北京，北京大学

项目分类：公共空间，庭院

• 教学目标

知识目标：① 掌握矩形的情感意义与矩形组织原则

② 了解雨水花园的基本结构

技能目标：① 具有采用矩形进行结构设计的能力

② 能够运用痛点思维形成设计需求

素质目标：① 认同设计为功能服务的价值理念

② 培养创新意识

一、详述：北京大学果雨花园

项目位于北京大学宿舍区30号楼。这是一个由学生发起、设计、建造和运营的校园空间改造项目，于2019年10月建成投入使用。

▲ 在用地极为紧张的校园中为学生提供了一处精心设计的开放空间

1. 设计背景

北京大学是中国历史悠久，同时也是非常拥挤的大学校园之一。在校园的南区，不到0.5km^{2}的生活区里，共居住了大约23000名学生，空间资源高度紧张。高强度的建设使得不透水表面急剧增加，导致了严重的内涝和径流污染。而建筑间的人工草坪却大多处于荒废状态，既不能供人使用，又无益于减少地表径流。

内涝问题影响着校园中每一个人的生活。作为未来的景观设计师，渴望应用学习到的知识帮助自己的校园。这一想法很快得到了北大校园建设有关部门的大力支持。在管理部门的协助下，选取了宿舍区里一块300m^{2}的典型绿地作为试点。经过长达10个月的参与式设计和讨论，最终形成了一个满足多方利益的简洁方案。

▲ 选取的设计场地

2. 少就是多

校方希望原貌别有太大改动，这正好和设计者的想法不谋而合：希望对场地施加最小的干预，实现最丰富的功能。首先保留了场地两侧被频繁使用的人行道，其次对场地原有的树木进行保留和利用。柿子树和核桃树限定出了主要的活动场地，同时将狭长的绿地分成一大一小两个生物滞留池。然后减少了一部分滞留池，为原本占用人行道的自行车提供停车空间。

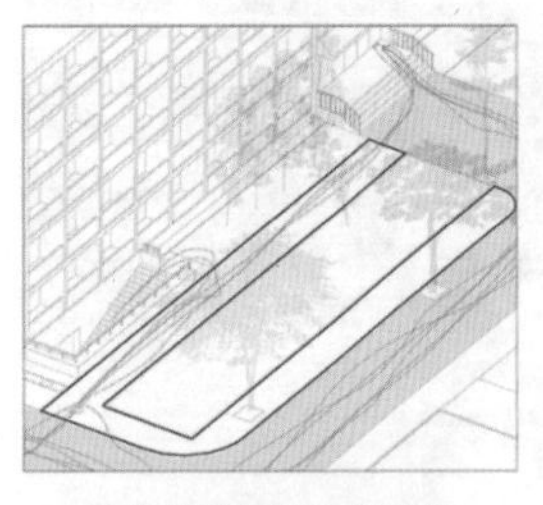

优先保留场地两侧使用频率很高的步道

保留所有树木，其中两棵界定一个5m×5m的广场

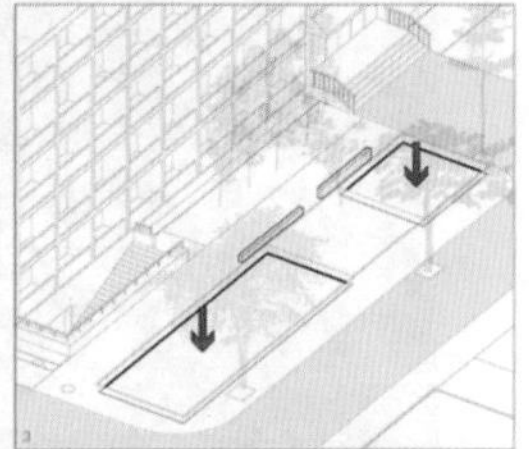

狭长的绿色空间划分为大小两个生态调节区域

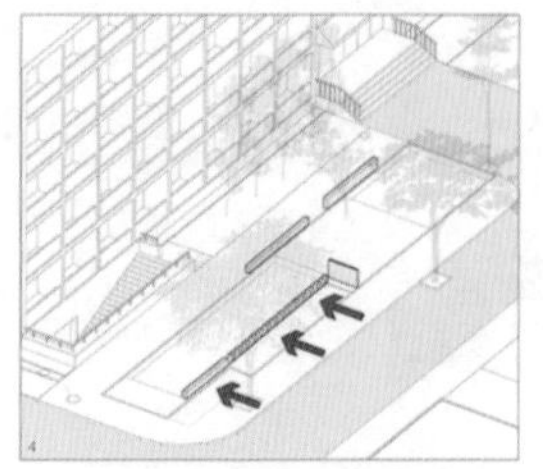

加宽步道为自行车留出足够的停放空间

▲ 方案生成

对场地的最小介入策略不仅满足了施工造价的限制，而且更容易在不同诉求中找到平衡。作为一个“处女作”，越简单的结构越能应对种种意料之外的变化。

在宿舍区中还有许多其他类似的绿地可以采取相似的手法改造，以缓解内涝问题、提高校园空间品质。方案最终实现的目标是为改善宏观校园环境提供经验。

▲ 单一的草坪被丰富的植物群落所代替

▲ 连续的清水混凝土墙强调了空间的边界

▲ 自行车停车空间

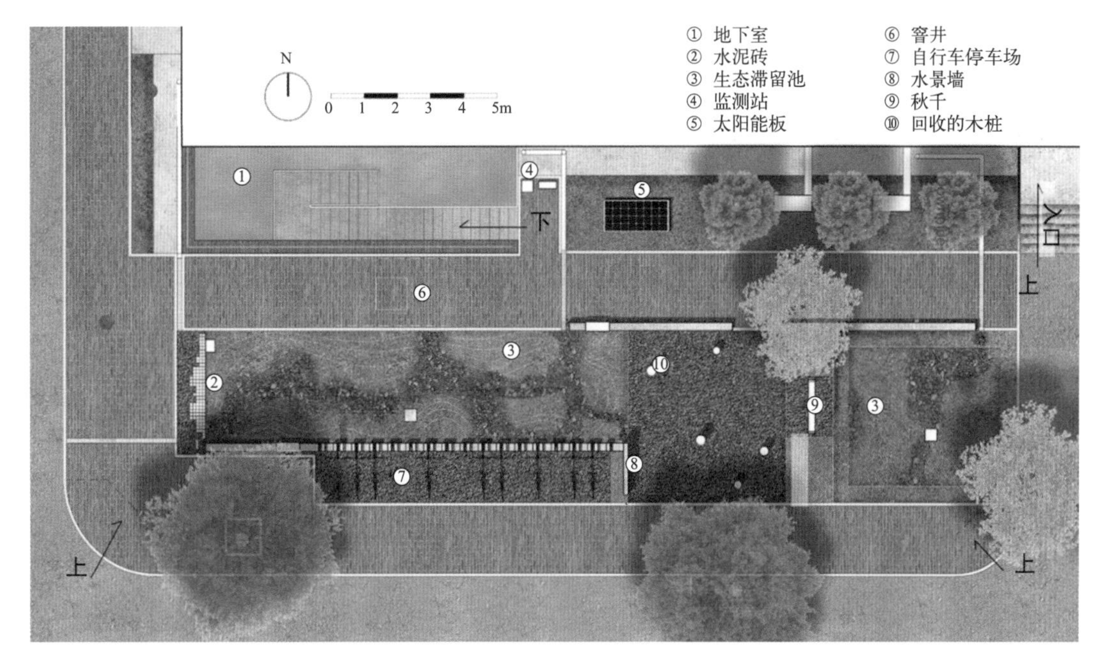

▲ 花园总平面图

▲ 姿态各异的果树

花园的名字“果雨”来源于方案敲定的最后时刻，设计者在现场踌躇时的体验。场地存有的四棵果树，八月时枣树结满的果子像雨滴一样落下。这些果树同样也成为设计构思的出发点，为设计者想象场地的位置和朝向，以及使用者的体验提供了依据。

其中姿态最为奇特的柿子树和核桃树得到了最多的关注，这两棵树碰巧都在2016年的施工中被砍去一半的树冠。它们相对而立，共同夹出一个5m×5m的活动场地。其

▲ 原本姿态特殊的柿子树成为场地入口的明显标识

中那棵被砍掉一半树冠的柿子树，看起来格外残缺不全。如果站在便道上看去，反而有亭亭如盖的感觉。因此在树下留了一个出入口，从而让行人正好从柿子树下转身进入场地。作为入口的明显标识，柿子树被赋予了意义。

3. 短时间停留的场所

设计过程中组织了三轮附近宿舍同学参与的方案评审。同学们非常担心在宿舍楼前长时间逗留和聚会产生很多噪声，因此强烈反对在花园里设置座椅。于是设计者决定仅设置一些非正式的座位供人们短时间停留和休息。

四个月前曾有一场大风吹折未名湖边的一棵古树，设计者曾从园林工人手中留下了几段切好的木桩，现在这些木桩恰好可以作为花园里临时的座位。此外混凝土墙的台沿也可以作为一种非正式的座位。

其中一次意见征集中，有同学分别提出了希望在花园中设置朗读亭和秋千。为此设计者提供了一个两侧有庇护感的不锈钢秋千供同学休息放松和阅读。

▲ 未名湖边被风吹折的古树

▲ 木桩被重复利用作为座椅

4. 雨水收集和再利用

花园可以消纳周围572 m²的不透水表面产生的径流。由于临近建筑，为了避免雨水短时间内集中下渗的不利影响，在生物滞留池的底面和侧面都设置了缓渗结构。降雨时，一部分雨水直接下渗补充地下水，未能及时下渗的雨水会临时存储在雨水罐里。等到雨过天晴，太阳辐射达到一定强度时，水泵将会启动。暂存的雨水可以通过太阳能水泵回到地面浇灌植物。

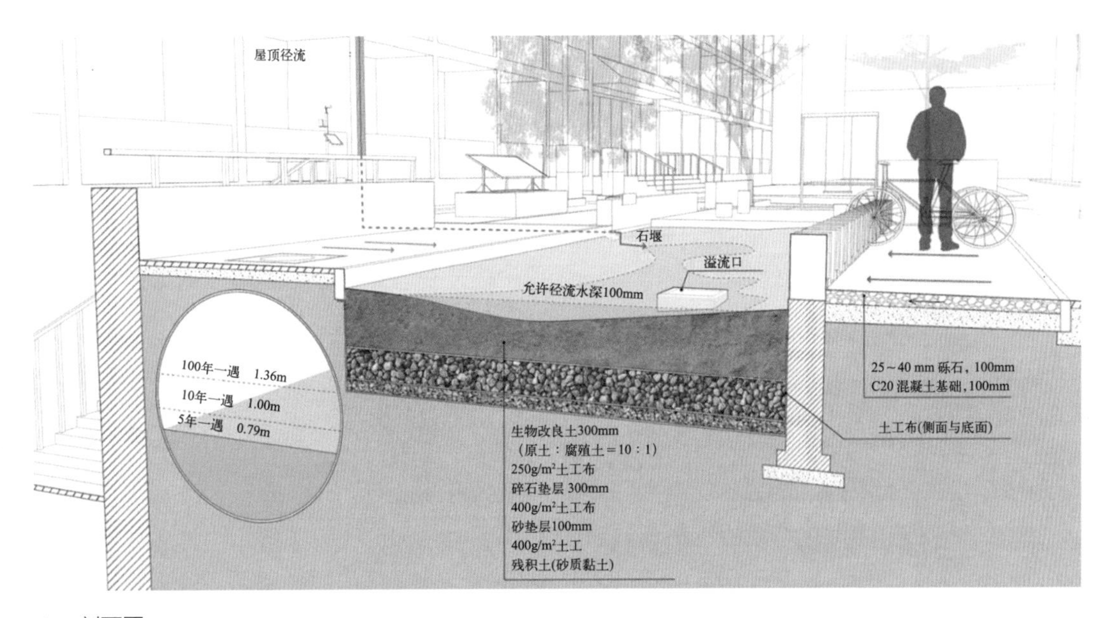

▲ 剖面图

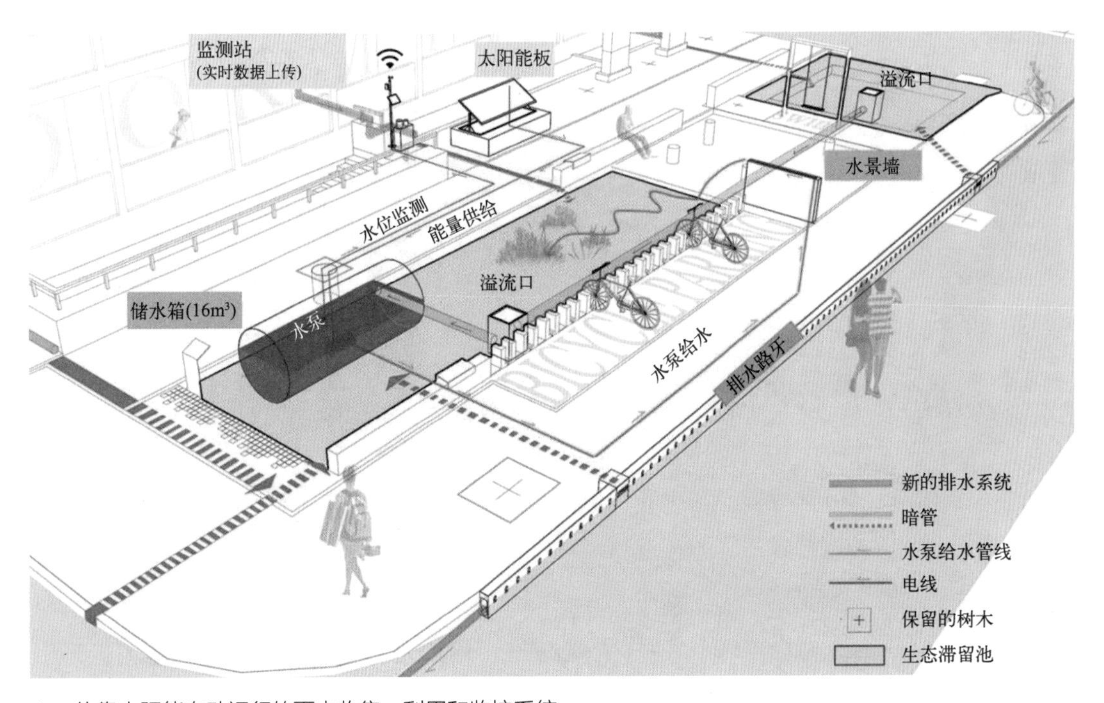

▲ 依靠太阳能自动运行的雨水收集、利用和监控系统

此外花园还配备了监测系统，可以在手机上实时查看降雨和水箱的水位，便于随时监控水系统运行状态。收集的数据将为校园里未来的类似项目提供参考。

丰富的乡土植物群落替代了结构单一的草坪，甚至为校园中刺猬、松鼠等小型哺乳动物的迁徙提供了新的踏脚石。同时，花园也为高密度的建成区带来了野趣与生机。

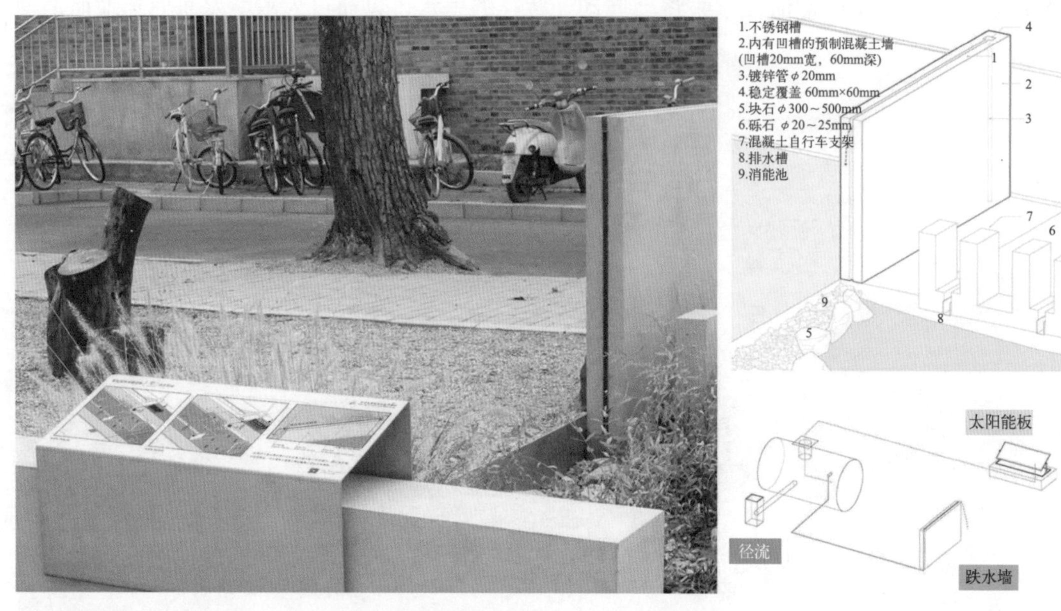

▲ 存储的雨水在天晴时通过太阳能回到地面浇灌植物

▲ 丰富的乡土植被

5. 参与式设计

在这个项目中，学生既是使用者也是设计师，还是甲方和监理。学生主导了从策划到设计和项目最终落地的全部环节。施工由热心于支持学生公益实践的京林集团负责，实现了非常高的完成品质。尽管已经得到了许多人的帮助，但这个小型项目在施工过程依然遇到了许多困难。施工从暑假开始，共持续7周，团队负责人每天从早上8点到下午6点都在工地，与施工队共同工作，合作解决种种预料之外的问题。

为了吸引更多非设计专业同学的参与，项目还组织了一系列的工作坊。这些持续不断的工作坊提高了项目的公众参与程度，使花园获得同学们的广泛支持。

▲ 住在附近的同学为花园留下的小诗

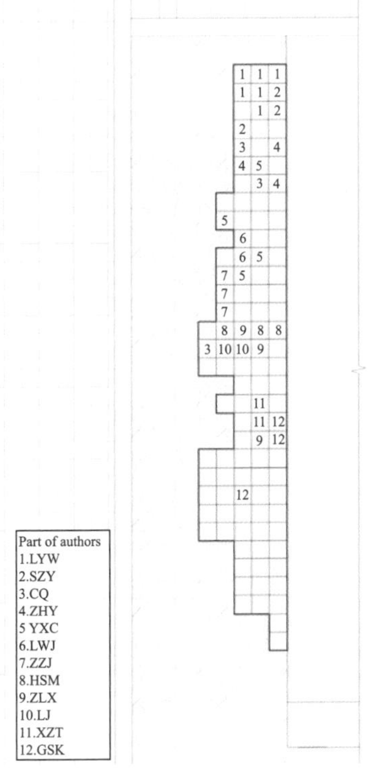

▲ 利用多余的水泥制作植物标本砖

案例分析任务表二

<table>
<tr><td>项目名称</td><td colspan="6"></td></tr>
<tr><td>项目类型</td><td colspan="2"></td><td colspan="2">项目面积</td><td colspan="2"></td></tr>
<tr><td>设计团队</td><td colspan="2"></td><td colspan="2">建成年份</td><td colspan="2"></td></tr>
<tr><td>项目所在地</td><td colspan="2"></td><td colspan="2">气候特点（包括温度、降水）</td><td colspan="2"></td></tr>
<tr><td colspan="7">任务一：设计理念与策略分析</td></tr>
<tr><td colspan="3">项目的设计理念提炼</td><td colspan="4">项目所采用的设计策略</td></tr>
<tr><td rowspan="3">场地需解决的问题</td><td colspan="2"></td><td rowspan="3">解决问题的方法</td><td colspan="3"></td></tr>
<tr><td colspan="2"></td><td colspan="3"></td></tr>
<tr><td colspan="2"></td><td colspan="3"></td></tr>
<tr><td rowspan="2">业主需求</td><td colspan="2"></td><td rowspan="2">满足业主需求的方法</td><td colspan="3"></td></tr>
<tr><td colspan="2"></td><td colspan="3"></td></tr>
<tr><td rowspan="2">设计目标</td><td colspan="2"></td><td rowspan="2">实现设计目标的方法</td><td colspan="3"></td></tr>
<tr><td colspan="2"></td><td colspan="3"></td></tr>
<tr><td colspan="7">任务二：平面构图分析</td></tr>
<tr><td>序号</td><td>平面构图要素</td><td>形状的数量、比例</td><td>实现构图的园林要素</td><td>园林要素的材质、色彩</td><td>通过平面构图形成的功能空间</td><td>其他</td></tr>
<tr><td></td><td></td><td></td><td></td><td></td><td></td><td></td></tr>
<tr><td></td><td></td><td></td><td></td><td></td><td></td><td></td></tr>
<tr><td></td><td></td><td></td><td></td><td></td><td></td><td></td></tr>
<tr><td colspan="7">任务三：思考题</td></tr>
<tr><td colspan="7">1. 园林规划设计中，矩形平面构图有什么特点和优势?
2. 请根据项目资料，总结雨水收集再利用系统的组成部分及其功能。
3. 校园园林空间有哪些特点? 如何在校园园林空间中展现科普、科教功能?</td></tr>
<tr><td colspan="7">任务四：个人（或学习小组）对项目的评价（印象最深刻的是什么？感觉怎样？）</td></tr>
<tr><td colspan="7"></td></tr>
</table>

二、技能训练：矩形结构组织

请根据下方给出的某园林项目设计思路和概念设计图，使用矩形作为构图要素进行平面构图设计，并绘制相应图纸。

设计要求：

① 有环形道路可以走遍整个空间；

② 有供人们交流的较大面积的草坪；

③ 有具有私密性的小草坪空间；

④ 有供聚餐使用的家具及铺装地面空间；

⑤ 整个园林空间中具有一个景观及视觉焦点；

⑥ 具有较多数量的坐凳供人们休息；

⑦ 有明显的竖向围合保证整个园林空间的私密性；

⑧ 保留两个主要的出入口；

⑨ 从室内的窗户能够观赏到全园的景致。

同时将本次平面构成设计图与案例一的技能训练成果（以圆形为母题的平面构成设计图）进行比较，分析圆形和矩形在平面构图设计中的不同特点。

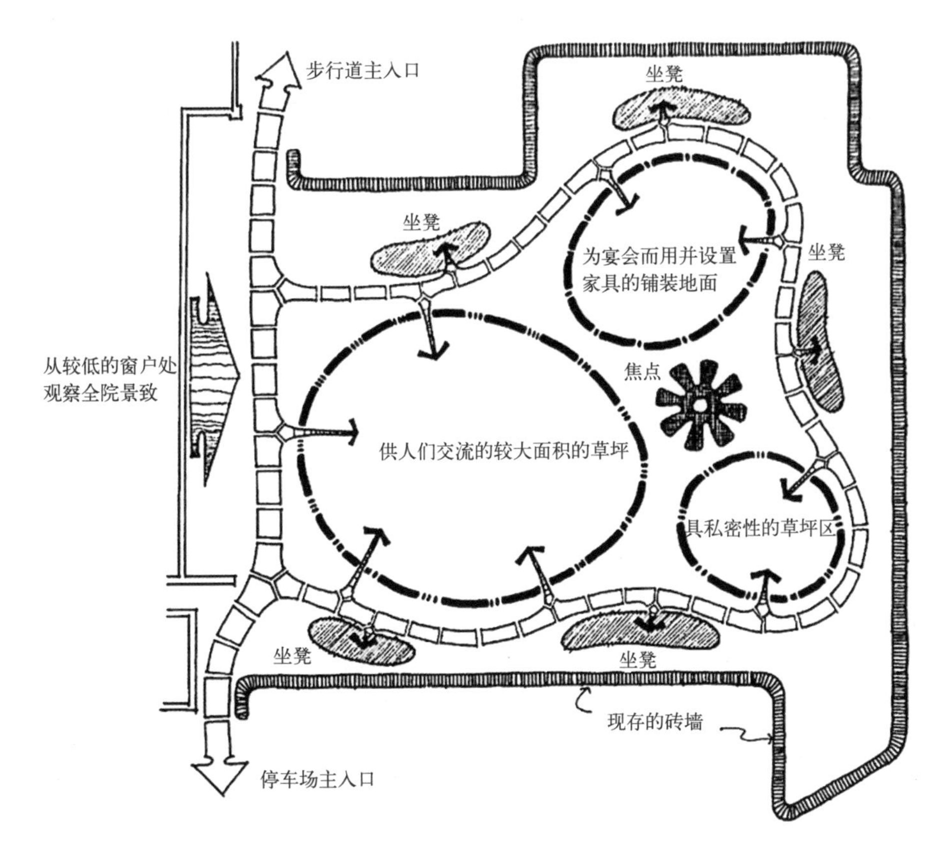

▲ 某园林项目设计思路和概念设计图

三、知识提点

知识点1　矩形的情感意义与应用

（1）矩形的情感意义

矩形，可以表示坚固、强壮、质朴、沉重、有品格、愉快等氛围。矩形主题再加上呈对称分布，既整齐又干净，有着属于它自身的严肃美，因此，常常用在表现正统思想的基础性设计。矩形的形式尽管简单，用它也能设计出一些不寻常的有趣空间，特别是把垂直因素引入其中，把二维空间变为三维空间以后。

（2）矩形的组织原则

① 彼此平行。

② 整齐，注意尺度变化。

（3）矩形主题景观应用示例

▲　矩形结构组织庭院

知识点2　地表径流形成与运动

降水是径流形成的首要环节。降在河槽水面上的雨水可以直接形成径流。降在流域地面上的雨水渗入土壤，当降雨强度超过土壤渗入强度时产生地表积水，并填蓄于大小坑洼，蓄于坑洼中的水渗入土壤或被蒸发。坑洼填满后即形成从高处向低处流动的坡面流。

城市径流主要受不透水表面（道路、停车场和人行道）的影响。在暴风雨和其他强降水过程中，这些不透水表面（由沥青、水泥、混凝土等建造）以及屋顶会使污水流入下水道，而不是让土壤对污水进行过滤。这会导致地下水位的降低（因为地下水的补给减少了）和发生洪水（因为留在地表的水量增加了）。大多数城市的雨水排水系统会将未处理的雨水排入溪流、江河和海湾。

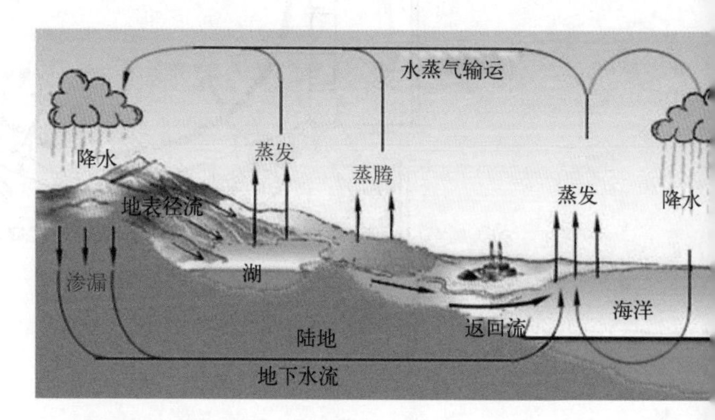

▲　自然界中的水循环

四、扩展阅读：中国园林的诗意

中国传统文化追求诗性，寻求心灵的轻盈和与山水的天然融合。这种精神追求深深地影响着中国传统的人居理想，成为中国传统人居思想的重要组成和核心价值。从中国古代文人山水诗和山水画所表达出来的诗意情怀，到中国传统村落、城市和古典园林的营造所体现的诗性思想及山水精神，都深刻反映了中国传统人居思想对“诗意栖居”理念的孜孜追求和不断实践。

中国古典园林是文心与画境的结合，是山水诗和山水画意境在诗意人居环境建设中的具体体现。在我国古代，造园家便把诗画作品所特有的意境情趣，带到园林景观的创作中来，同时，把中国的造园艺术从自然山水导向写意山水，从以崇尚“山居”为主导转向以崇尚“园居”为主，从而引领了中国古典园林艺术的发展。正因为将诗画的意境引入园林创作，才使中国园林在容纳名山秀水精华的基础上，充满了诗意的情怀和理想，犹如一幅幅绘画作品，经过缜密的思索和布局，融合深刻的思想和巧妙的技法，构建出一首首和谐至美的“诗篇”。

中国传统人居环境追求诗意和山水精神的理想，对今天的宜居城市建设、美丽乡村建设、新型城镇化建设，具有哲学和思想的启发。在解决当前人居环境建设普遍存在的生态缺失、文化缺失和道德缺失的基础上，坚持“诗意栖居”的理想，坚持传统与现代、科技与文化、理想与现实、山水与人文的真正融合。一个既能满足人的居住需求又能满足人的精神需求的美好家园和幸福乐园，一定能成为现实。

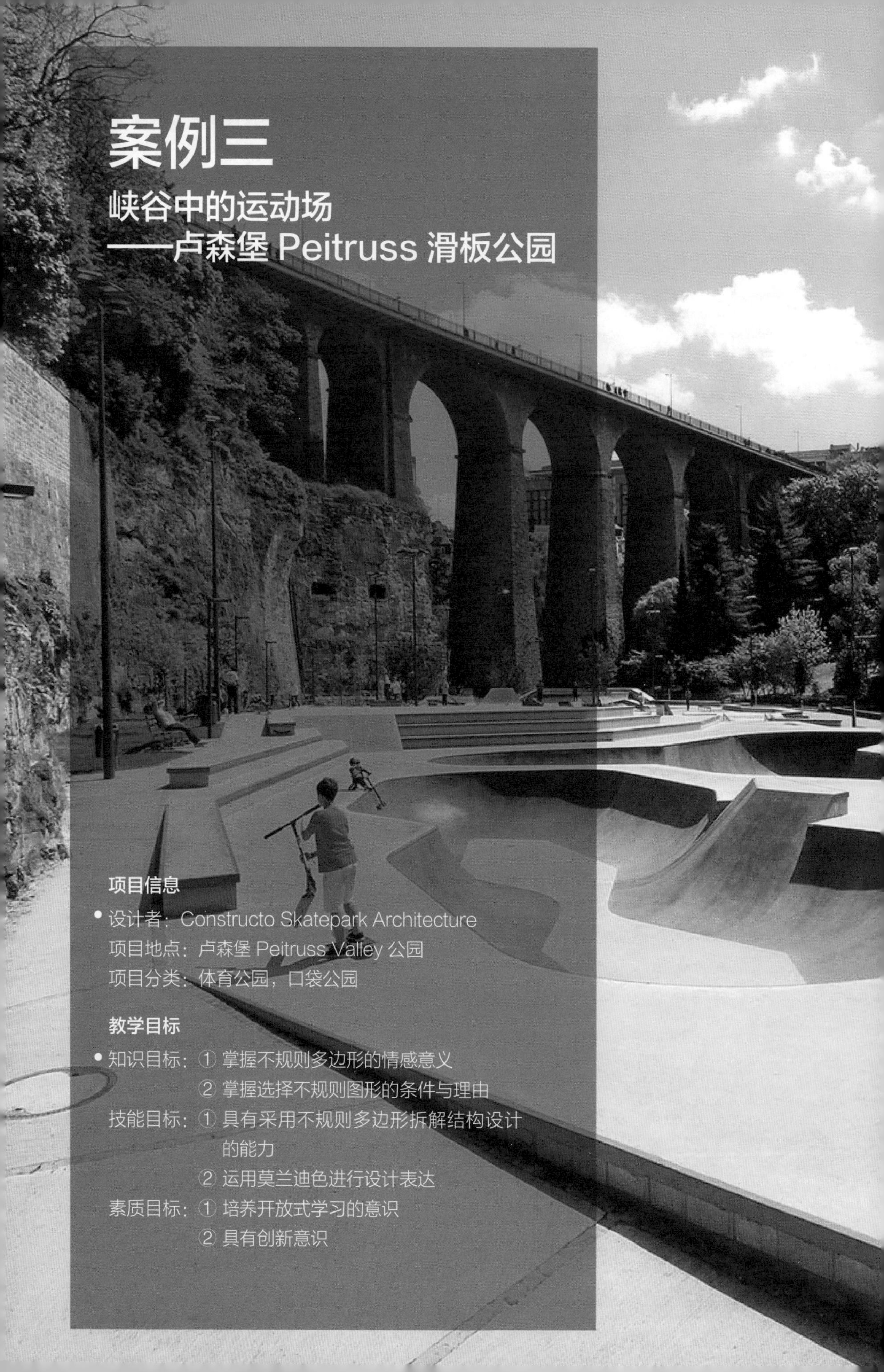

案例三

峡谷中的运动场
——卢森堡 Peitruss 滑板公园

项目信息

- 设计者：Constructo Skatepark Architecture

  项目地点：卢森堡 Peitruss Valley 公园

  项目分类：体育公园，口袋公园

教学目标

- 知识目标：① 掌握不规则多边形的情感意义

  ② 掌握选择不规则图形的条件与理由

  技能目标：① 具有采用不规则多边形拆解结构设计的能力

  ② 运用莫兰迪色进行设计表达

  素质目标：① 培养开放式学习的意识

  ② 具有创新意识

一、详述：卢森堡 Peitruss 滑板公园

卢森堡滑板公园位于Vauban古堡脚下的Peitruss Valley公园中。Vauban古堡环绕着卢森堡旧城而建，被联合国教科文组织列为世界遗产。Peitruss Valley作为旧城区和新城区的分界，如今已成为一处包含游乐场、健身公园、绿地、林间小径以及家庭野餐区的热闹景点。滑板公园的正上方是横穿Peitruss Valley并且连接了中央车站和旧城区的大桥。Peitruss滑板公园现已成为欧洲非常具有吸引力的滑板公园之一。

卢森堡Peitruss滑板公园还位于卢森堡唯一一项世界遗产的缓冲区范围内。卢森堡市地势险要，历史上曾有过3道护城墙、数十座坚固的城堡、23km长的地道和暗堡。经多次拆除，现如今只剩少部分残余。

1994年，根据文化遗产遴选依据标准(Ⅳ)，卢森堡市的老城区及防御工事（包括Vauban古堡）作为文化遗产列入《世界遗产名录》。同时，也划定了遗产核心区和遗产缓冲区。遗产缓冲区是为了有效保护申报遗产而划定设立的遗产周围的区域，包括遗产直接所在的区域、重要景观，以及其他在功能上对遗产及保护至关重要的区域或特征。

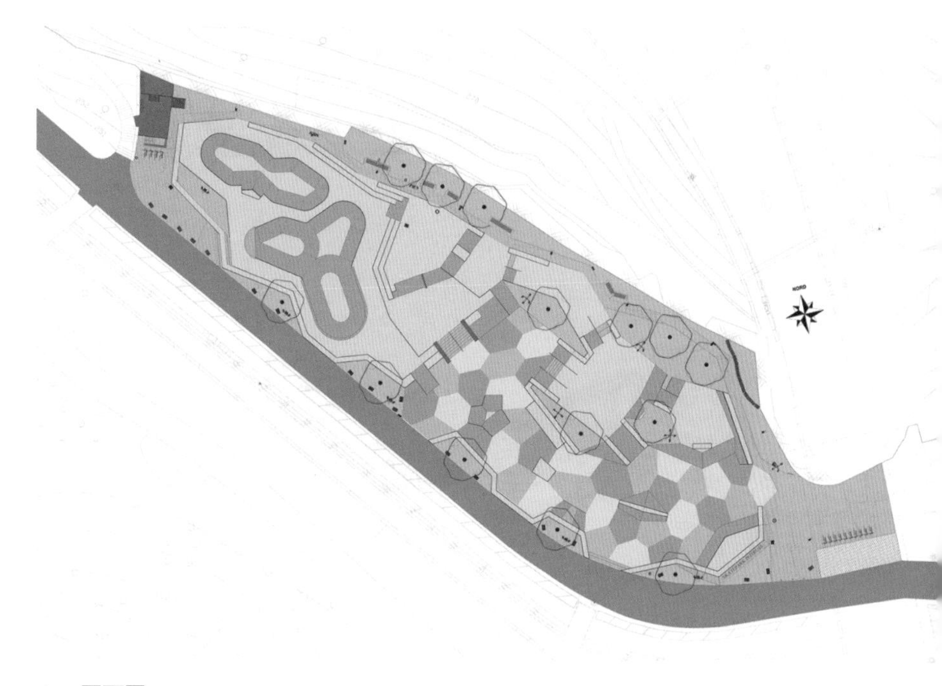

▲ 平面图

▲ 鸟瞰图

通过修建滑板公园，卢森堡市彰显了其作为欧洲特大都市的地位。公园总面积为2750m^2，包括一个小型的碗状场地，一个带有3.2m高挡墙的大型碗状场地，一座圆顶以及一个街边广场，是欧洲规模很大也是非常具有吸引力的滑板公园之一。

▲ 滑板场地

▲ 小型的碗状场地

▲ 带有3.2m高挡墙的大型碗状场地

▲ 街道视角

公园有着极为多元化的功能，可用于各种类型的城市体育项目，例如滑板、轮滑和自行车越野等，而且能够同时满足从初学者到专业选手的使用需求。

▲ 公园场地可用于各种类型的城市体育项目

▲ 公园能够同时满足从初学者到专业选手的使用需求

Constructo Skatepark事务所于2014年赢得了设计与建造竞赛。团队在设计过程中，首先对滑板运动进行了归类，滑板有碗池项目、街式项目、自由式项目，各项目需要不同类型的场地：碗池项目需要碗状、U状凹陷场地，街式项目需要楼梯、扶手、短墙等设施和场地，自由式项目则需要小广场。随后，设计团队又与当地居民以及滑板爱好者们进行了深入探讨，以充分满足他们不同运动层次的要求和愿望。设计丰富多样的流线，将这些基本元素加以变化、组合在一起，并合理地规划好各个道具间的距离，通过上下坡平衡滑行速度，增加场地的合理性和可玩性。

经过耗时12个月的建造，公园于2016年7月正式对公众开放。为了使公园充分融入场地所在的历史环境，设计师对Vauban古堡进行了较为深入的研究。古堡沿山体而建，有着曲折多变的几何形态，设计师对此重新进行了阐释，这体现在场地周围的长凳和台阶

▲ Vauban古堡鸟瞰

▲ 场地中的景观与功能融为一体

上。石墙和长凳的表面被结合为一个整体，使滑板公园的边界融入了Vauban古堡的围墙。围墙呈现出斑驳而灰度较大的色调，似乎宣示着古老的历史和重要的历史地位。这种偏灰的颜色没有失去应有的美感，反而将物品的朴素发挥到极致，发散出宁静与神秘的气息。地面铺装三种灰度的拼接呼应了堡垒护墙的不同色调。

▲ 地面铺装三种灰度的拼接呼应了堡垒护墙的不同色调

▲ 台阶与斜坡连接了不同高程的场地

▲ 高杆路灯保证了夜间使用的安全性

该项目还对场地中其他一些限制条件进行了整合。例如该项目是建立在一个混凝土储罐上的，该储罐是为一家天然气公司和危险废物建造的。施工过程中不得接触混凝土罐，以免污染地下水。除此之外，项目还需要解决浅层地下水的问题。排水，尤其是在雨季，滑板场地需要快速干燥。为此平地向最近的区域排水沟或外边缘倾斜2%，排水盖与地表面齐平，并且牢固地附接；碗状场地中积蓄的雨水会被排放至抽水机中，然后排放至城市的下水道系统。

奶油色和棕色等不同色彩的混凝土板强调了景观的介入。街道广场铺装三种灰度的拼接呼应了堡垒护墙的不同色调。公园中的设施一应俱全，包括长椅、喷泉、公共洗手间以及自行车停放处。高杆路灯保证了夜间使用的安全性。这样包容的设计，让无论是初级爱好者还是专业人士都能够享受滑板带来的乐趣。

案例分析任务表三

<table>
<tr><td>项目名称</td><td colspan="6"></td></tr>
<tr><td>项目类型</td><td colspan="2"></td><td>项目面积</td><td colspan="3"></td></tr>
<tr><td>设计团队</td><td colspan="2"></td><td>建成年份</td><td colspan="3"></td></tr>
<tr><td>项目所在地</td><td colspan="2"></td><td>气候特点</td><td colspan="3"></td></tr>
<tr><td colspan="7">任务一：设计理念与策略分析</td></tr>
<tr><td colspan="3">项目的设计理念提炼</td><td colspan="4">项目所采用的设计策略</td></tr>
<tr><td rowspan="3">场地需解决的问题</td><td colspan="2"></td><td rowspan="3">解决问题的方法</td><td colspan="3"></td></tr>
<tr><td colspan="2"></td><td colspan="3"></td></tr>
<tr><td colspan="2"></td><td colspan="3"></td></tr>
<tr><td rowspan="2">业主需求</td><td colspan="2"></td><td rowspan="2">满足业主需求的方法</td><td colspan="3"></td></tr>
<tr><td colspan="2"></td><td colspan="3"></td></tr>
<tr><td rowspan="2">设计目标</td><td colspan="2"></td><td rowspan="2">实现设计目标的方法</td><td colspan="3"></td></tr>
<tr><td colspan="2"></td><td colspan="3"></td></tr>
<tr><td colspan="7">任务二：平面构图分析</td></tr>
<tr><td>序号</td><td>平面构图要素</td><td>图形数量、尺度</td><td>实现构图的园林要素</td><td>园林要素的材质、色彩</td><td>通过平面构图形成的功能空间</td><td>其他</td></tr>
<tr><td></td><td></td><td></td><td></td><td></td><td></td><td></td></tr>
<tr><td></td><td></td><td></td><td></td><td></td><td></td><td></td></tr>
<tr><td></td><td></td><td></td><td></td><td></td><td></td><td></td></tr>
<tr><td colspan="7">任务三：思考题</td></tr>
<tr><td colspan="7">1.园林规划设计中，多边形平面构图有什么特点和优势?
2.什么是《世界遗产公约》？它对园林行业发展有哪些促进作用和哪些制约?</td></tr>
<tr><td colspan="7">任务四：个人（或学习小组）对项目的评价</td></tr>
<tr><td colspan="7"></td></tr>
</table>

二、技能训练：多边形构图组织

请根据下方给出的某园林项目设计思路和概念设计图，使用多边形作为构图要素进行平面构图设计，并绘制相应图纸。

设计要求：

① 场地内三栋建筑的位置和功能不做改变，设置道路连接两处连廊和广场；

② 保留场地内现有小溪，设置一座桥梁连通小溪左侧空间和广场；

③ 保留场地内现有树林；

④ 具有多处座位供人们休息；

⑤ 靠近现有树林的位置设置表演平台和观看座位。

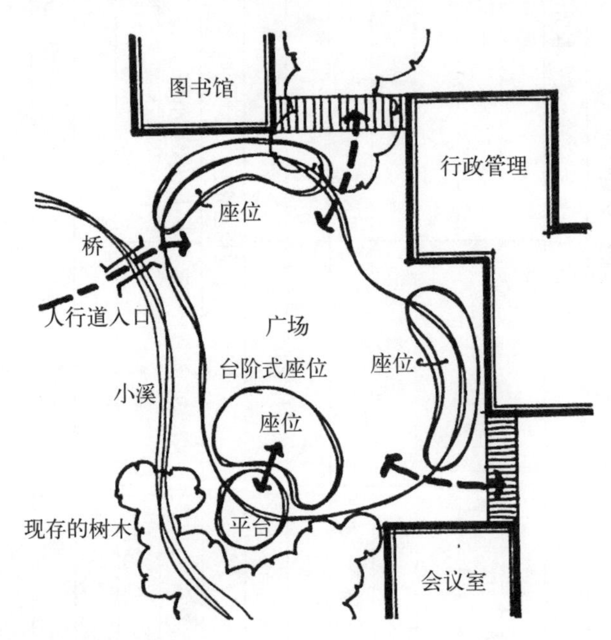

▲ 某园林项目设计思路和概念设计图

三、知识提点

知识点1 不规则多边形的情感意义与应用

（1）情感意义

不规则多边形给人的感觉是自然、轻松、质朴、愉快。有时候会用于表达混乱、破碎。组织得好，会表现出非常规的美感，而且让人感觉灵活、设计感强。很多大师级设计师都能灵活运用。这种不规则形式的景观很出效果，总会让人印象深刻。

（2）不规则多边形的组织原则

① 避免平行过多。

② 避免出现锐角。

③ 尺度较小时以四边、五边、六边、七边为宜。

（3）不规则多边形应用示例

◀ 家化万豪酒店的泳池花园（三亚）

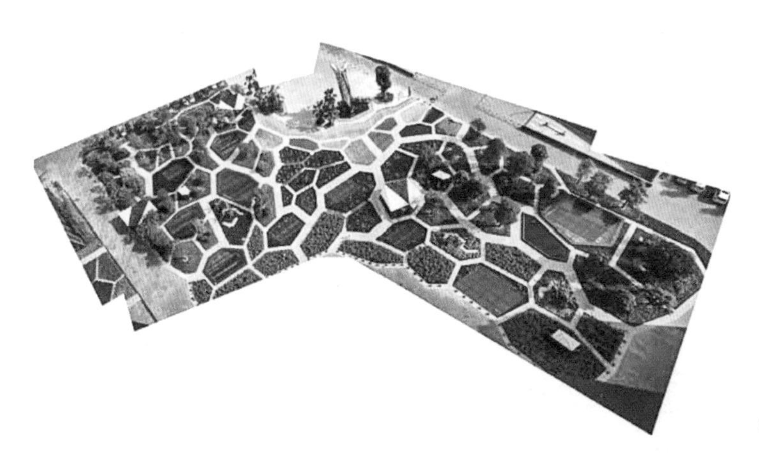

◀ 美的总部大楼广场景观（深圳）

◀ 广场景观模型

知识点2　莫兰迪色系

莫兰迪色系是指饱和度不高的灰系颜色，不是指某一种固定的颜色，而是一种色彩关系。该色系来自意大利艺术家乔治·莫兰迪的一系列静物作品命名的色调，是基于莫兰迪绘画总结出的一套色彩法则。

1930 ～ 1959年，乔治·莫兰迪从美院毕业之后，留了下来担任教授，在授课之余，他也创作作品。与大多数画家不同，他喜欢对生活中的一些瓶瓶罐罐进行描绘，并且认为静物可以反映一个人的心理，这也形成了他之后的作品风格。

在用色上，他更偏向于降低颜色的纯度，虽然让画面偏灰，但是没有失去应有的美感，反而将物体的朴素发挥到极致，发散出宁静与神秘的气息。每一块看似灰暗的颜色实则优雅，脱尽火气，经他的巧妙摆弄，显得宁静湿润，营造出足以让人心神安宁的隐秘氛围。

莫兰迪色系具有很高的艺术价值，成为影视、建筑、装饰、服饰等领域的流行颜色。社会评价认为，莫兰迪色系能更深刻地表现时尚之美和现代艺术效果。

本案例的设计表达配色，即使用了莫兰迪色系。

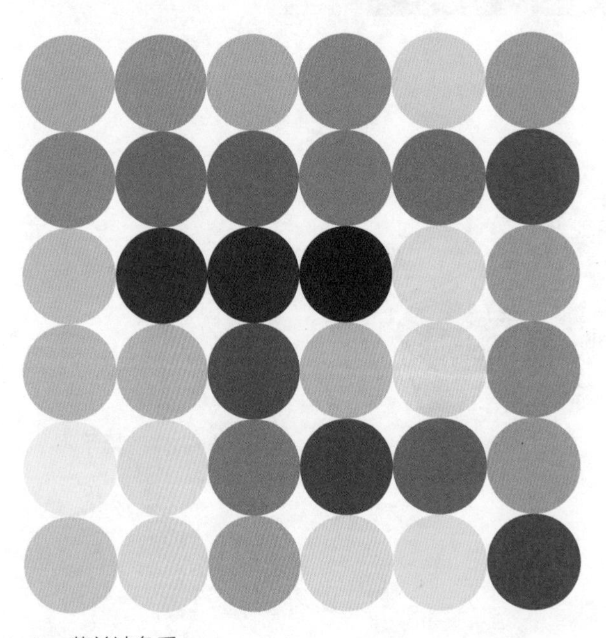

▲　莫兰迪色系

四、扩展阅读：景观设计师的职业逻辑三法则

1. 建立在清晰价值观基础上对土地和生命的理解

人，都会受其过去经历的影响，家庭、社会、教育和个人生活阅历都会对其留下烙印，影响其信念、想法、情感、责任、态度、认知、行为和决定，并促使其去追求某种意义取向，这种意义取向就是价值观。影响设计的价值观包括生命伦理、土地伦理和工程伦理，它们决定了设计师的思考方向。树立具有智慧含义的价值观通常是许多代人反复探索的结果。

2. 建立在系统知识基础之上对实际问题深入研究后提出的解决方案

在景观设计领域，设计师必须面对场地本身、场地外的区域环境和条件，以及和场地有关的利益人，任何景观设计面对的都是真实环境。设计师要系统地运用自己掌握的知识，发现并理解场地上的所有联系，运用自己的艺术想象力对这些联系进行重构，方能找到好的设计方案。好的设计作品一定需要反复修订完善，这个过程实际上是建立知识和实际问题及其解决方案之间的逻辑联系的过程。

3. 设计是人类物质文明和时代精神的表达

设计表达出来的是主创者的思想，人们在理解设计作品时，也是在阅读设计师的思想。运用人类前沿知识和科学技术成就、认知水平提出的设计方案中，如果包含了对这些基本问题的最新解答，设计成果就可以给后世以启发，成为可能流传久远的作品。从这个意义出发，设计师最应该追求的逻辑是设计与人类物质文明和时代精神的本质联系。

案例四

耳目一新的绿色世界
——炫彩庭院景观

• 项目信息

设计者：Stig L. Andersson

项目地点：丹麦，哥本哈根

项目分类：中庭公园，休闲娱乐

• 教学目标

知识目标：① 掌握自由曲线形的情感意义与弧的方向

② 了解中庭公园的特征

技能目标：① 具有分析拆解结构设计的能力

② 借鉴其他形态组织设计的能力

素质目标：① 培养团队精神和协作精神

② 培养借鉴与学习的素养

一、详述：丹麦住宅小区的炫彩庭院景观

本项目是一处以居住功能为主的回字形六层建筑的中庭改建工程。在这里Slade Architecture 事务所（简称SLA）利用自由的曲线设计了一个新颖的庭院空间，庭院空间内不规则的线形与极富规律的建筑外观形成鲜明的对比。

这栋建筑因为有着黄色和白色条纹外观而被当地居民戏称为“多层蛋糕”。“多层蛋糕”建筑位于丹麦哥本哈根克里斯钦自由城(Christiania)中心广场的东北侧，是一座充满态度和个性的建筑，简单而纯粹，一望可见，直接明了的线条和大胆的条纹吸引了人们的注意力，被认为是克里斯钦自由城的现代标志之一。

克里斯钦自由城以兼容并包名扬天下，在这里居住的大多为嬉皮士、自由艺术家、“草根”运动人士、摇滚乐手等自由派风格强烈的居民。克里斯蒂安四世国王执政初期就对这里的城市格局和建筑风貌进行了规划。自由城的建筑物或多或少被艺术家门绘画成带有强烈波西米亚风格的外观。如今，这里已经成为哥本哈根非常著名的旅游目的地。

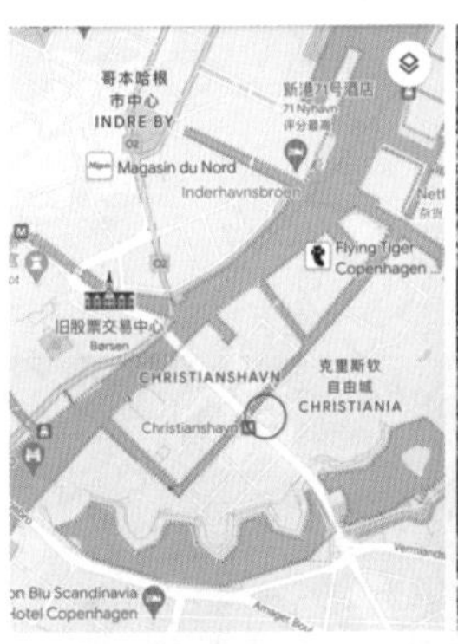

▲ 炫彩庭院地理位置

▲ “多层蛋糕”建筑外观

炫彩庭院（Colour Stain Courtyard）位于“多层蛋糕”建筑的中庭，占地550m^2，2007年设计团队开始进行调研和设计，2008年施工完成并投入使用。

本项目中，设计团队为原本呈长方形的中庭空间添加了自然多变的形态。一条闭合的自由曲线成为庭院空间新的焦点。设计团队通过这条曲线塑造了不同的空间，提供了不同的使用模式，构成多变的感官体验，创造了一种全新的场所感。曲线由木板条建造而成，内部是植物种植池，外部环绕着休息空间、自行车停放处、垃圾站和储物棚。

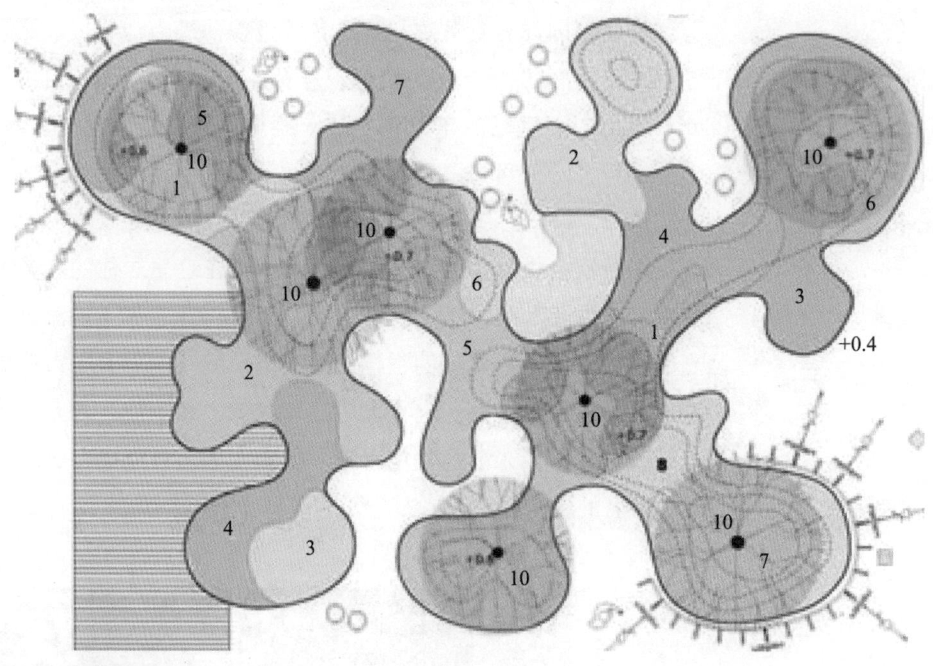

▲ 炫彩庭院平面图

图中数字为植物编号

▲ 炫彩庭院鸟瞰图

居住在“多层蛋糕”建筑内的居民构成多样，人口密度较大。新庭院将通过对空间的彻底改造，为所有年龄段的居民提供一系列新的活动空间，并增强他们的社区意识。它将作为一个安全的游乐场和冒险空间，为园区的孩子和他们的朋友们服务。它将提供户外娱乐活动，如烧烤、聚餐，以及在一个令人愉悦的环境中阅读报纸。花园将激发人们留在共享空间的愿望，并让居民在愉快的环境中不期而遇。

庭院内有两处自行车停放处，分别位于种植池的北侧和南侧。

庭院西侧有一个小建筑，是垃圾站和储物棚。经过改建，这个小建筑面向庭院一侧的形状被改造为自由曲线，与植物种植池紧紧贴合，并通过半透半露的细长木条取得视觉联系。

整个庭院从高空俯瞰下去，像是被画家打翻的调色板。但展现颜色的物质不是颜料，而是不同种类的植物。设计团队充分利用植物本身具有的丰富颜色，创造出一个像是自然飞溅到建筑中庭的污点一样的花园，这也是庭院被命名为“炫彩”的缘由。

庭院内既种植了常绿植物，也种植了季节性开花植物。漫长而错落交替的花期保证了一年中持续的色彩变化。在冬季，植物为庭院披上温暖和金色的色调；在夏季，植物将呈现出凉爽、清新的色调。从建筑的窗户向下看去，庭院有着不断变化而美丽的妆容，为居民提供了耳目一新的视觉感受，并展现了庭院自身的重要个性。植物品种的选择也充分考虑了哥本哈根的气候条件和后期养护管理成本。

▲ 炫彩庭院居民活动空间

▲ 炫彩庭院自行车停放处

▲ 炫彩庭院垃圾站和储物棚

▲ 炫彩庭院种植池内植物景观

▲ 曲线围合成小型半私密空间

小贴士

本案主创设计师Stig L. Andersson是丹麦著名景观设计师，丹麦非常著名的景观设计公司之一SLA事务所的创始人，毕业于丹麦皇家艺术设计学院。他曾经在日本做过相应研究，并对日本文化产生浓厚的兴趣。他的作品想象力丰富，十分注重细节，并且考虑气候的影响，设计表现素雅清新。他对景观设计和景观教育均有出色贡献，曾获美国景观设计师协会ASLA大奖、欧洲景观大奖、第一届Topos奖提名。

案例分析任务表四

项目名称			
项目类型		项目面积	
设计团队		建成年份	
项目所在地		气候特点	

任务一：设计理念与策略分析

项目的设计理念提炼		项目所采用的设计策略	
场地需解决的问题		解决问题的方法	
业主需求		满足业主需求的方法	
设计目标		实现设计目标的方法	

任务二：平面构图分析

序号	平面构图要素	实现构图的园林要素	园林要素的材质、色彩	通过平面构图形成的功能空间（1）	通过平面构图形成的功能空间（2）	其他

任务三：思考题

1. 园林规划设计中，自由曲线平面构图有什么特点和优势?
2. 建筑中庭的空间特点有哪些? 在进行中庭园林设计的时候，如何联系建筑外立面和庭院景观?
3. 如果将本案例中的图形看成是多圆组合，其组织形式是怎样的?

任务四：个人（或学习小组）对项目的评价

二、技能训练：自由曲线或斑块构图

请根据下方给出的某园林项目设计思路和概念设计图，使用自由曲线作为构图要素进行平面构图设计，并绘制相应图纸。

设计要求：

① 场地内三栋建筑的位置和功能不做改变，设置道路连接两处连廊和广场；

② 保留场地内现有小溪，设置一座桥梁连通小溪左侧空间和广场；

③ 保留场地内现有树林；

④ 具有多处座位供人们休息；

⑤ 靠近现有树林的位置设置表演平台和观看座位。

同时将本次平面构成设计图与案例三技能训练成果（以多边形为构图要素的平面构成设计图）进行比较，分析多边形和自由曲线在平面构图设计中的不同特点。

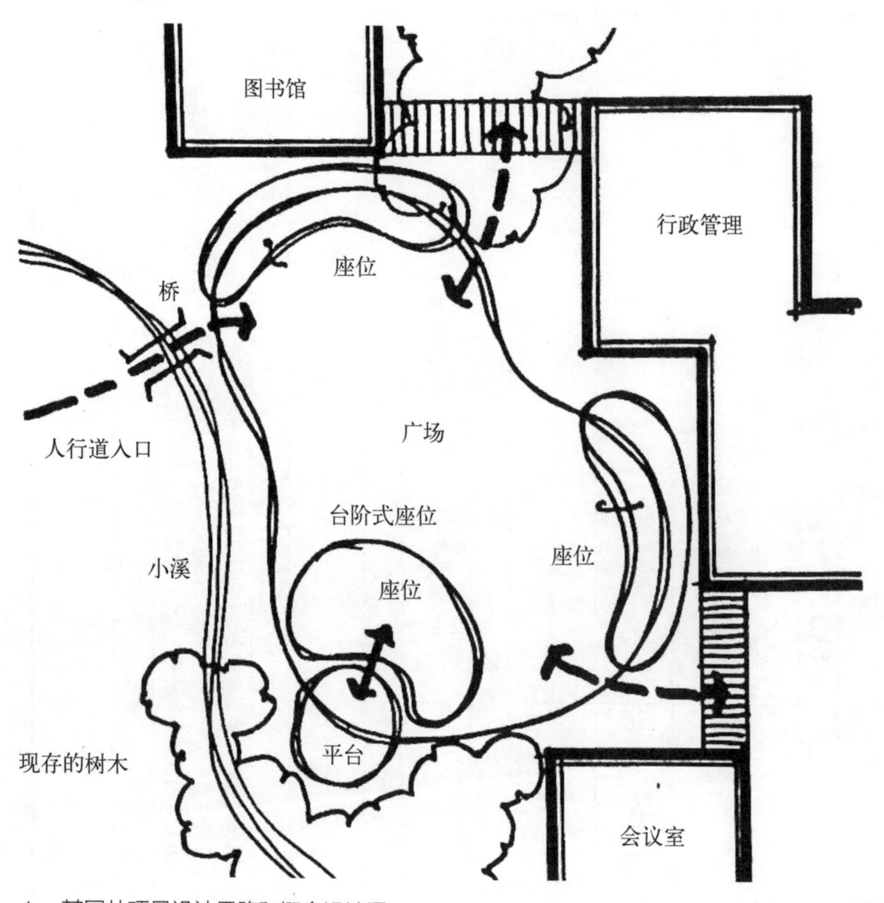

▲ 某园林项目设计思路和概念设计图

三、知识提点

知识点1　自由曲线的情感意义及应用

（1）自由曲线的情感意义

与不规则多边形相近，自由曲线源于自然而表述自然，表达一种松弛的、柔软的、自由的、非正式的、贴近自然的、生态的理念或者情绪。

（2）自由曲线的来源与提取

在自然式图形中蕴含丰富的形式变化。例如，生长在岩石上的地衣有一个界限分明的不规则边沿，边沿的某些地方还有一些回折的弯曲。这种高度的复杂性和精细正是生物有机体边界的特征。自然界的植物群落或新下的雪中，经常有一些软质的、不规则的形式。尽管形式繁多，但它们拥有一些可见的秩序，这种秩序是植物对生境的变化和诸如水系、土壤、微气候、火灾、动物栖息地等不确定因素的反映结果。

◀　石头上苔藓形成的自然斑块

◀　湿地中水草形成的自然斑块

通过对自然界的模仿、抽象或类比，就可以获得更为丰富的形式。

模仿是指对自然界的形体不做大的改变，几乎参照原来的样子。如图中可循环的小溪酷似山涧溪流。

抽象是对自然界的精髓加以抽提，再被设计者重新解释并应用于特定的场地。它的最终形式与原物体相比可能会大相径庭。这种平滑的流线型线条看似自然界之物，但不能看作是蜿蜒的小溪。

类比是来自基本的自然现象，但又超出外形的限制。通常是在两者之间进行功能上的类比。人行道旁明沟排水道的流向是小溪的类比物，但看起来与小溪又完全不同。

（3）自由曲线应用示例

▲ 采用自然斑块设计的园林景观

知识点2　口袋公园

“口袋公园”是指面向公众开放、规模较小、形状多样、具有一定游憩功能的公园绿化活动场地，面积一般为400～10000m^2，包括小游园、小微绿地等。

1967年5月，美国纽约53号大街的佩雷公园正式开园，标志着口袋公园的诞生。

口袋公园具有选址灵活、面积小、离散性分布的特点，它们能见缝插针地大量出现在城市中。这对于高楼云集的城市而言犹如沙漠中的绿洲，能够在很大程度上改善城市环境，同时部分解决高密度城市中心区人们对公园的需求。

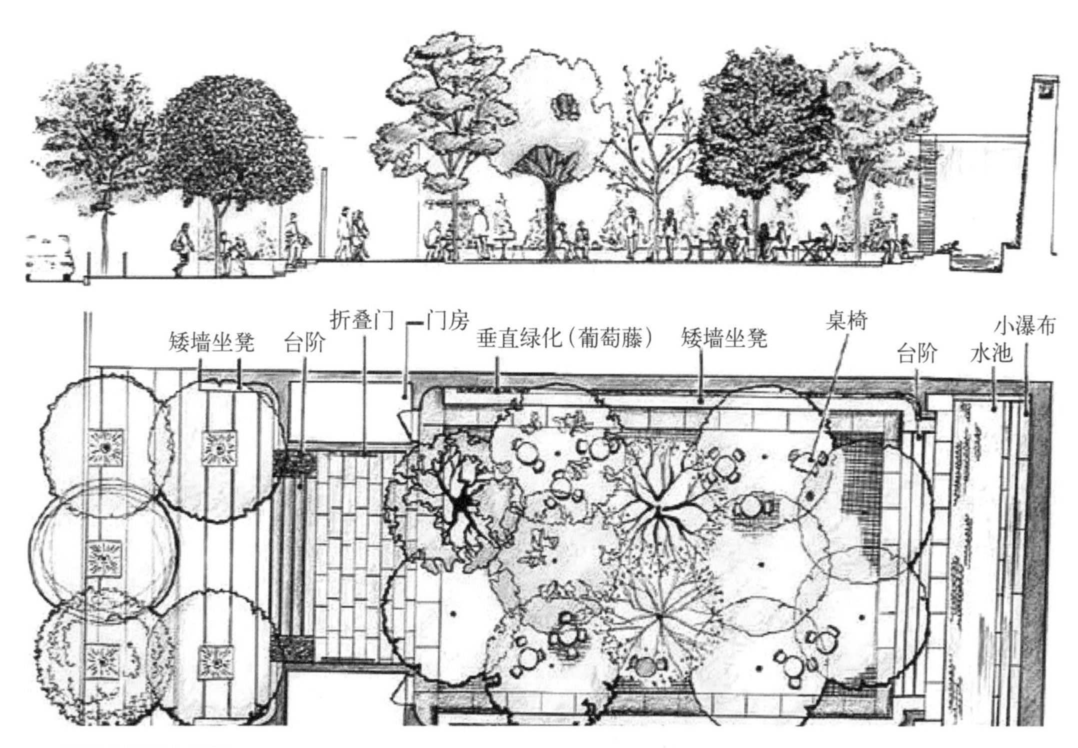

▲　佩雷公园平立面图

▲　由入口望向佩雷公园内部

四、扩展阅读：《口袋公园建设指南（试行）》打造家门口的幸福

为科学推进口袋公园建设，优化城市绿色空间布局，满足人民群众就近亲近自然、休闲游憩、运动健身等需求，2022年7月住房城乡建设部印发《口袋公园建设指南（试行）》（以下简称《指南》），用以指导城市内口袋公园的规划、设计、建设和管理工作，助推口袋公园建设管理更加规范合理。

《指南》全面阐述了口袋公园建设的基本原则，以及在布局、设计营造、管理维护等方面的要求。《指南》提出，口袋公园建设应当遵循因地制宜、便民亲民、安全舒适、节俭务实、共建共享五项原则。《指南》强调，口袋公园设计应充分考虑周边使用人群的年龄结构和实际使用需求。居住区周边，宜注重设计儿童游戏玩耍、老年人活动锻炼等功能空间；中小学校、幼儿园周边，应具备儿童友好功能。同时，对于活动场地的设计和设施，应考虑老年人、儿童、残障人士的使用需求，加强无障碍设计。除了休闲游憩、健身锻炼等功能，口袋公园也是展示和传承中华优秀历史文化的重要窗口。《指南》强调，要注重与文化资源的融合，加强场地内外的文物资源、历史建筑、历史地段、古树名木、历史故事、民间传说等文化资源的发掘、展示和利用，因地制宜布置文化展示空间，传承中华优秀传统文化。

《指南》的出台，进一步规范了口袋公园的建设管理，推动口袋公园更科学、更充分、更长久地发挥其价值和功用，努力为人民群众筑起“家门口的幸福”，使“推窗见景、开门入园”成为市民生活的新常态。

第二章

空间营造

园林景观设计，可以看作是不同类型户外空间营造、组织、串联的过程。空间的大小、方向、围合、动静不同要素的变化，都导致空间性质的变化，营造丰富的空间是提供丰富体验的前提。本章重点探讨户外空间的构成要素对空间类型或者性质的影响。

案例五

用绿色营造空间
——亚特兰大乳品厂景观改造

- **项目信息**

设计者：Perkins&Will
项目地点：美国，亚特兰大
项目分类：公共空间，园区，棕地

- **教学目标**

知识目标：① 掌握空间边界、动静等基本属性
② 了解棕地的概念
技能目标：① 识别与区分空间的能力
② 判断空间动静的能力
素质目标：① 认可终身学习的理念
② 培养严谨的设计逻辑

一、详述：亚特兰大乳品厂景观改造项目

1. 项目概述

项目以亚特兰大乳品厂的工业历史为背景，为当地居民提供了重新参与当地景观的机会，使兼具多样性和历史意义的纪念大道（Memorial Drive）走廊获得新生。曾经坐落着乳品生产设施的6acre(1acre≈4046.86m^2)废弃地被重新构想为一块可供当地居民聚餐和社交的休闲绿地。在场地中心，原本燥热且不透气的装卸场被改造成阴凉且吸引人的广场，并且采用了100%产自皮埃蒙特地区的植物材料，使用了拆除过程中回收的建筑部件。曾经由装卸场汇入下水道的雨水，如今可以平缓地流经草地，流过由回收混凝土填充的石笼墙，最终汇集在具有保水功能的桦树花园。略高于地面的木板路，使游客可以在一系列花园中自由通行，同时将社交平台和建筑物连接起来。通过融合对比鲜明的工业形式和有机植物两种元素，亚特兰大乳品厂不仅成为社区中受欢迎的场所，而且为在城市中创造适宜性的景观提供了范例。凭借葱郁的阶梯式景观，曾经的装卸场被转变为社区的集会中心。一系列微微倾斜的木板路提供了通往不同环境的公共路径，在连接阶梯景观的同时，还巧妙地引导游客沿着场地中的雨水过滤步道行走，使其得以在砾石铺就的可渗透地面、经过修复的混凝土石笼墙以及延绵不绝的植被间自由地穿行。

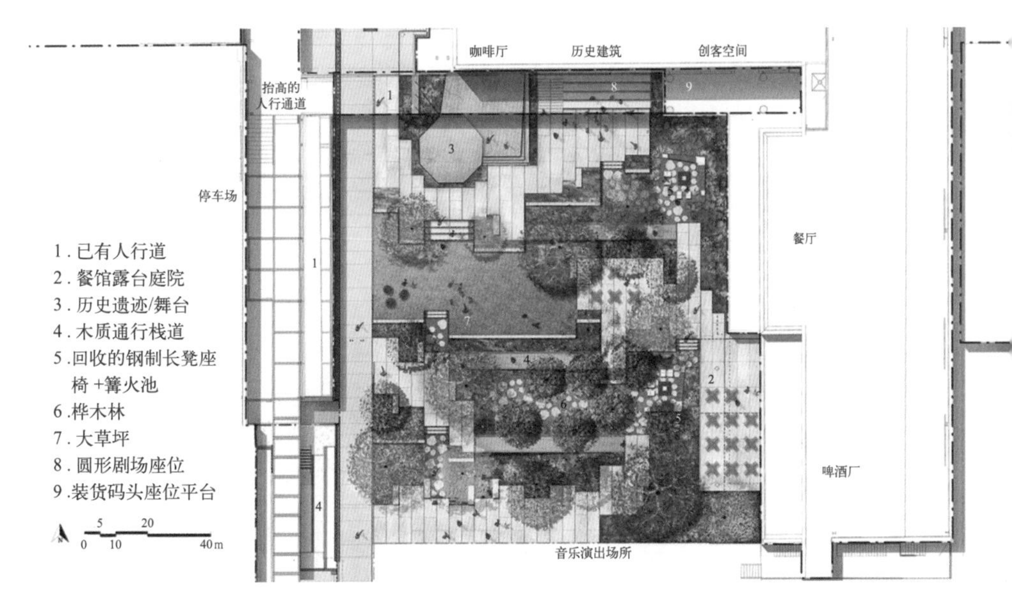

▲ 亚特兰大乳品厂规划平面图：一系列阶梯式景观和相互连接的木板路穿过完全由本地植物构成的景观

2. 项目起源

亚特兰大乳品厂讲述的是关于重生的故事：不仅是一块废弃的工业棕地的重生、一个原本缺乏服务的社区走廊的重生，而且是一个具有前瞻性和可持续性的开发项目的重生。在佐治亚州的亚特兰大市东南部，沿着历史悠久的纪念大道走廊，6英亩的场地最初坐落着帕玛拉特乳品公司的生产设施——随着建筑的毁损和龙卷风的袭击，这里逐渐变得杂草丛生，破旧不堪。场地周围的环境也是一样破败，遍布着废弃的建筑、仓库和亟待维修的独栋住宅。振兴走廊的计划构思已久却未有机会实现，直到一个开发项目的出现才使之成为可能。委托方要求景观团队为该地区塑造一片“混凝土森林中的绿洲”，就像是“在场地上投下一颗绿色炸弹”那样，将蕴藏在场地中的潜力充分地激发出来。

3. 场地历史

场地的历史可以追溯到1945年：家族企业F. H. Ross在这里修建了一座装饰艺术风格的砖砌建筑（如今得到了完整的修复，并在近期的设计振兴计划中被列入国家历史建筑名录）。不久之后，一家乳制品合作社成立于此，为亚特兰大的学校和家庭供应牛奶长达数十年。直至2004年，已被Parmalat公司收购的地产宣布永久关闭。在此期间，中央装卸场周围修建了一系列外观普通的轻钢结构。2008年，场地遭受一场龙卷风袭击，其中许多建筑遭到严重破坏，给场地带来致命的一击。这座建筑后来被长期遗忘在纪念大道走廊沿线的众多老化的工业建筑和仓库结构之间。在2014年，它终于开启了长达5年的修复进程，并最终为走廊带来发展和重生的机会。

4. 愿景

场地原本被计划用作户外空间，但在5年的设计进程中，这一预期发生了重大变化。唯一不变的是委托方Paces地产公司从一开始就树立的宏伟目标：利用该地块来塑造社区的长久形象。Paces地产公司试图从建筑与生态修复、社区振兴和历史保护的角度出发，将场地打造为可供公民使用的美食和娱乐场所。在购得该地块时，委托方拒绝了一家来自全国大型零售

◄ 场地状况：亚特兰大乳品厂装卸场。原始场地不透水，100%的雨水径流都会流向附近的街道和城市下水道系统

商的可观报价，而是坚持开发这个能够对社区和环境有所回馈的遗留项目——这也是上述关于“在场地上投下绿色炸弹”的叙述的来源。让本地植物重新出现于贫瘠的土地，这一想法成为指导场地上诸多设计挑战的“纲领”。为了使项目取得成功，最终的设计方案需要谨慎地迎合一种松散而有机的线索，同时也要对场地的工业品质和形式予以充分的尊重。

5. 挑战

亚特兰大乳品厂项目给设计团队带来了无数的设计挑战。首先，由于该场地土壤中含有铅和发动机零件等各种杂质而被划为棕地。挖掘过程中发现了一条未被记录的砖砌污水管道，因此需要专业人员亲自进行勘探，以确定其范围和状况。将要投放“绿色炸弹”的装卸场有着大约10%的坡度，若想成为可栖居的区域，就必须有策略地实施阶梯形态的设计干预。其次，该场地是完全不透水的，因此全部的雨水径流都会迅速流向附近的街道。最后，国家历史保护办公室的参与还给既定的设计造成了额外的负担：他们提出要尽可能地还原1949年航拍照片中呈现的硬景观与软景观的比例。景观设计团队将以上种种限制视为指导整个设计过程的宝贵机会，同时积极地迎接和应对了不可避免的挑战。

6. 为自然而生

通过置入葱郁的景观来改变荒地的做法并不新颖。但在该项目中，设计团队仅使用东南部皮埃蒙特地区的本地植物材料，并通过增加教育层面的叙事来进一步丰富设计。对曾经占据了这片场地的树木和林下植被进行精心布局，在营造有机和自然感时才不会显得杂乱无章。总体来看，装卸场接近60%的面积被茂密的植物覆盖，并辅以大块的碎石板和松散的砾石元素。设计团队提出从相邻的结构中收集雨水，并将其引至整个场地以减缓坡面漫流，并尽可能多地增加渗透。

在东西方向，即垂直于雨水径流的方向上，采用了由可透水石笼墙和砾石回填层建造的阶梯式护壁，兼顾了过滤和分散雨水的作用。在南北方向上延伸的护壁被设计为一段狭窄的耐候钢墙，并尽可能缩小基座的尺寸，它并不直接与雨水发生作用，而是用于减少不透水区域的面积。高于地面的木板路将这些阶梯式的护壁连接起来，在连续的植被的辅助下，使雨水汇聚至低处的桦树花园。花园内的3ft（约91cm）厚的工程土壤可使雨水完全渗透，确保所有雨水在被收集之后重新回归场地。

7. 为社区而生

历史悠久的纪念大道走廊在近几十年间陷入了失修和荒芜的状态，附近的投资和开发行动几乎与这里没什么关系，只剩下零星分布的几个社区和轻工企业。曾经繁荣且充满活力的时期已经远去，居民们时常会产生疑问：这块土地是否还能像城市其他地方那样重新恢复生机？在亚特兰大乳品厂项目的初步概念图公开之后，现场工作很快便得以开展，各方资本和资源也在随后的五年中迅速地涌入纪念大道，最终为该地区带来近$130\times10^4ft^2$（约$12\times10^4m^2$）的开发项目和超过1200套多户家庭住房。居民们终于可以享受到他们期盼已久的各类便利设施，包括杂货店和各种娱乐场所。基于对乳品厂未来愿景的了解，社区居民也越来越倾向于追求更高品质的美学设计。他们支持开发商将亚特兰大乳品厂打造为娱乐区核心场所的决策，希望见证乳品厂在未来成为社区中最吸引人的目的地。

8. 为彰显历史而生

亚特兰大乳品厂改造项目的核心是对历史悠久的装饰艺术风格建筑进行修复。如今这里容纳了多间餐厅、咖啡店和社区创客空间。不仅如此，场地的历史特征也在整个景观中得到了充分展现。在拆除过程中，设计团队谨慎地记录并“抢救”了来自装卸场的混凝土构件和废旧建筑中的钢梁及钢柱，并确定了需要保留的场地元素，例如装卸码头和单体储存罐的基座。在材料的重新利用方面，团队也付出了巨大的努力：混凝土被碾碎并用作石笼墙的填充材料；装卸场的铺地材料被制成踏脚石；钢梁被改造为社交座椅的一部分。在整个场地上，废旧的地基和墙壁成为镶嵌于本地草坪的雕塑元素。自然景观的柔软质感与硬景观造型的锐利线条形成了鲜明的对比，同时又与现有的钢结构天桥和历史建筑建立了深层次的对话。

▲ 鸟瞰图：通过置入以工业建筑为灵感的阶梯式框架，原本倾斜的混凝土装卸码头变得平缓且适于社交。微微向下的木栈道穿越景观，使场地变得通畅易达

▲ 场地剖面/透视：阶梯式墙体被谨慎地设置于场地各处，以促进雨水的渗透。石笼墙以现场修复的混凝土填充，能够降低雨水的流速，使雨水完全被收集并在景观中渗透

9. 重生

亚特兰大乳品厂从一片废墟中重新生长为当地标志性的娱乐和休闲目的地，同时也与城市历史及其多样化的生态环境紧密地连接在一起。

▲ 阶梯式平台：耐候钢墙和石笼墙元素定义了整个场地的设计节奏并呼应了其工业历史

▲ 改造前后对比：场地景观采用了产自皮埃蒙特地区的本地植物

▲ 桦树林：设计团队从装卸场保留了大块的混凝土，并将其应用在花园和石笼墙中。在场地的天然低洼处，特制的工程土壤能够促进雨水的渗透

◀ 新的生活：废弃的材料被尽可能地回收并改造为新的事物，例如踏脚石和堆叠的石头座椅

◀ 多重探索路径：为了将城市环境中的居民与自然联系起来，设计团队为使用者提供了多种类型的漫步路径，包括高架的木栈道和隐蔽的踏脚石步道等

◀ 社交空间：造型优雅的楼梯一路伸向中央草坪。石笼墙侧面使用耐候钢围合，使混凝土台阶可以逐级向下延伸

◀ 篝火座位区：从旧结构中拆卸下来的大尺寸L形钢梁被重新利用为座椅，围绕在耐候钢材质的篝火池两侧

▶ 边界：以工业为主题的设计着重使用了动态的线性元素，给人带来一种兼具活力和野性的感觉——当地景观也拥有类似的特征

▶ 社区生活：在篝火旁的小型集会，增添了社区交流交往的机会

▲ 绿色炸弹：基于项目客户对于“在场地内投下绿色炸弹”的构想，一处成熟的景观被成功地创造出来，并最终超越了其原来的建筑环境

案例分析任务表五

<table>
<tr><td colspan="10">课题：</td></tr>
<tr><td>项目类型</td><td></td><td>项目面积</td><td></td><td>设计师</td><td colspan="5"></td></tr>
<tr><td>项目所在地</td><td></td><td>年均温</td><td></td><td>最高温</td><td></td><td>最低温</td><td></td><td>年降水</td><td></td></tr>
<tr><td colspan="10">任务一：解决问题的方案与方法分析</td></tr>
<tr><td>设计理念</td><td colspan="4"></td><td colspan="5">设计成果或解决方式</td></tr>
<tr><td rowspan="3">存在问题与挑战</td><td colspan="4"></td><td colspan="5"></td></tr>
<tr><td colspan="4"></td><td colspan="5"></td></tr>
<tr><td colspan="4"></td><td colspan="5"></td></tr>
<tr><td rowspan="2">业主需求</td><td colspan="4"></td><td colspan="5"></td></tr>
<tr><td colspan="4"></td><td colspan="5"></td></tr>
<tr><td rowspan="2">设计目标</td><td colspan="4"></td><td colspan="5"></td></tr>
<tr><td colspan="4"></td><td colspan="5"></td></tr>
<tr><td colspan="10">任务二：　空间（场地或者功能区）结构分析</td></tr>
<tr><td>典型空间</td><td>空间边界数量</td><td>空间大小</td><td>空间的动静</td><td>空间的类型</td><td>空间的焦点景物位置</td><td colspan="4" rowspan="5">备注：
1.空间的动静是指空间是用于走动的，还是用于停歇的。
2.空间的类型是指空间是开敞的、闭合的，还是半开半闭的。</td></tr>
<tr><td></td><td></td><td></td><td></td><td></td><td></td></tr>
<tr><td></td><td></td><td></td><td></td><td></td><td></td></tr>
<tr><td></td><td></td><td></td><td></td><td></td><td></td></tr>
<tr><td></td><td></td><td></td><td></td><td></td><td></td></tr>
<tr><td>思考题</td><td colspan="9">1.棕地的含义是什么？　2.设计中哪些要素体现了场地的工业历史？
3.该设计提供的景观功能有哪些？　4.你觉得交通关系在本设计中起到了哪些作用？</td></tr>
<tr><td rowspan="2">印象最深刻</td><td>1</td><td colspan="8"></td></tr>
<tr><td>2</td><td colspan="8"></td></tr>
</table>

学习日期：

二、技能训练

① 尝试使用符号表达功能空间及交通、排水关系。

细实线：表示功能区。

间断线+箭头：表示通行关系。

星号：表示焦点景物。

宽箭头：表示排水方向。

② 从亚特兰大乳品厂平面规划图的场地中选择一条行进路线，这条路线至少穿过三个空间或场地，说明每个空间的各个边界的构成和动静。

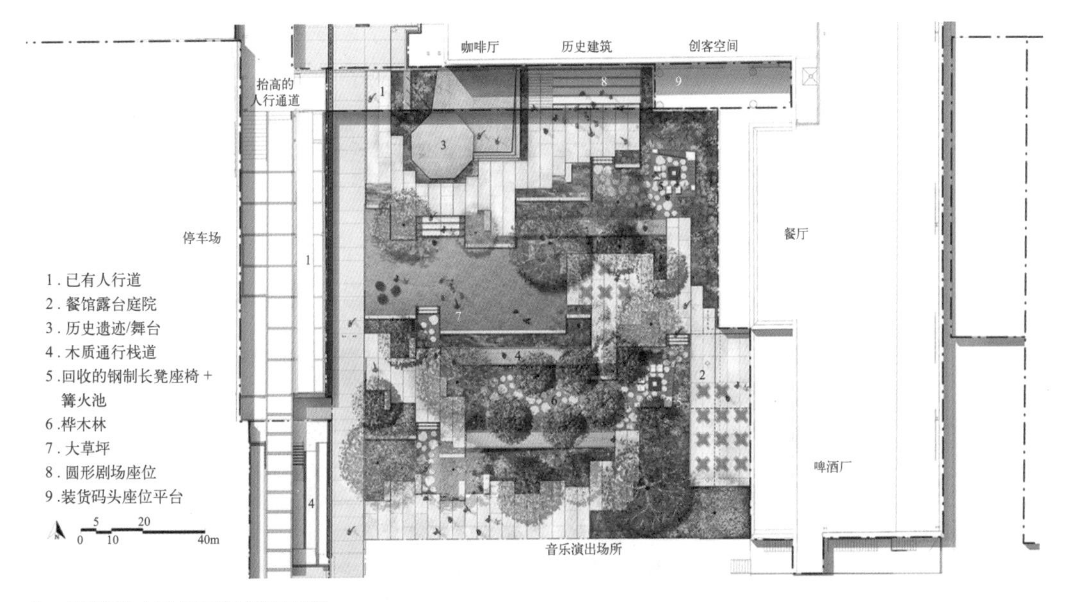

▲ 亚特兰大乳品厂规划平面图

三、知识提点

知识点1 空间、构成要素、动静

（1）空间

空间是指由底界面、壁界面和顶界面单独或者共同组合而成的、具有实在的活暗示性的范围。不同界面的高低、图案、色彩、质感都影响着空间感受。植物可以用于空间中任何一个平面，在底界面上，以不同高度和不同种类的地被植物或矮灌木来暗示空间的边界；在壁界面上，植物可以通过不同的方式影响空间。乔木的枝叶犹如室外的天花板，限制了伸向天空的视线，并影响着垂直面上的尺度，影响顶界面的构成和特点。

（2）空间的构成要素

一般包括围合的边界、焦点（中心、目标）、方向性和范围四个方面。

（3）空间的动静

一般而言，窄长者为动态空间，阔大者为静态空间。圆形或方形的围合暗示着一个到达的地方，一个聚会和集中活动的地方，或者仅仅是停下来的地方，这种空间是“静态的”；相反，一个窄长的空间意味着“运动的”，它看起来像一条街道或走廊，通向某个地方。它是动态的，能引起运动的。空间越长或越窄，其长度上的细节或变化越少，空间的方向性就越强烈或动感就越强。

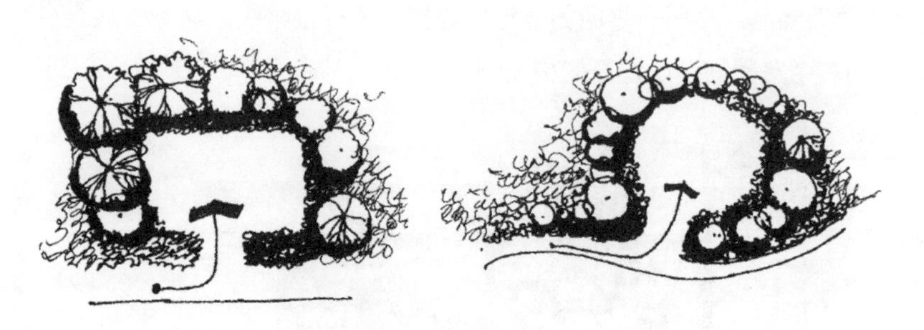

▲ 静态空间

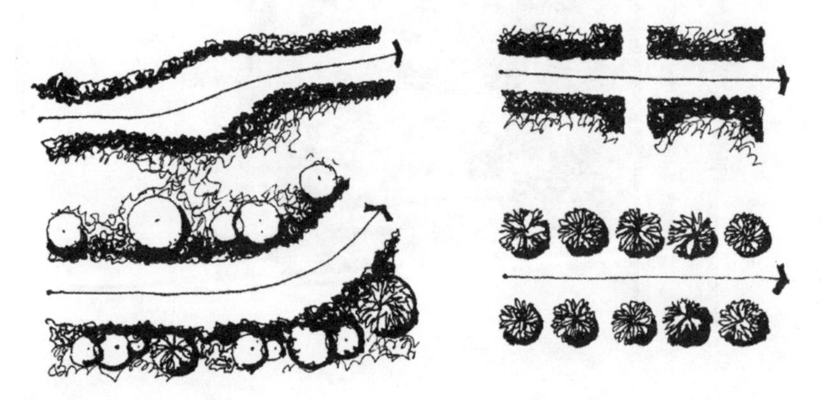

▲ 动态空间

知识点2　棕地

广义上讲，棕地与绿地是一组相对应的概念，是指已开发、利用过并已废弃的土地。广为各界接受的棕地概念，是美国环保局和住房与城市发展部所下的定义：“棕地为已被废弃的、闲置的或未被完全利用的工业或商业用地，其扩展或再开发受现有或潜在的环境污染（影响）而变得复杂”。在英国，棕地是指“被以前的工业使用污染，可能会对一般环境造成危害，但有逐渐增强的清理与再开发需求”的用地。

可以看出，棕地具有如下四个特征：第一，棕地是已经开发过的土地；第二，棕地部分或全部遭废弃、闲置或无人使用；第三，棕地可能遭受（工业）污染；第四，棕地的重新开发与再次利用可能存在各种障碍。

四、扩展阅读：美丽中国——景观设计如何参与棕地复兴实践

实现美丽中国和构建生态文明如今已是社会共识的宏伟愿景，而棕地修复是实现这一愿景的重要内容之一。棕地问题已成为很多城市发展的制约因素，我国棕地修复还处于起步阶段，许多棕地仅仅经过视觉美化就转变为城市功能性用地，这对人的健康和环境安全造成极大的隐患。目前美国明确界定的棕地已经达到50万块。在中国这个形势也不乐观，在“退二进三”的政策下，大量的污染型企业外迁，留下大量的棕地面临再生的压力。

棕地再生的问题是复杂的，不是靠一个学科就能解决的，需要多学科交叉合作，同时要考虑法律、经济、社会、生态方面的问题，有人会想是不是场地里的污染由环境工程师清理干净，风景园林师再来做景观设计就可以了呢？风景园林师在棕地再生中到底能做什么？清华大学建筑学院景观学系郑晓笛认为至少包括三个方面的内容：第一是早期参与，影响目标用途的决策过程；第二是在过程中联合环境工程师合作，影响污染治理技术的选择；第三是和其他项目一样，对于景观空间的设计，这里面包括了对于生态功能的设计。对于前面两方面的工作，都要求景观设计和场地污染治理之间有一个紧密的配合。

案例六

丰富的体验
——麻省艺术与设计学院宿舍楼前广场设计

- **项目信息**

设计者：Ground Incorporation
项目地点：美国，波士顿
项目分类：公共空间，广场

- **教学目标**

知识目标：① 掌握空间围合与开放私密的关系
② 了解主题图案的重复与变化
技能目标：① 识别与判断空间开放性的能力
② 采用同题图案展开设计并整合交通关系的能力
素质目标：① 加强设计为功能服务的理念认同
② 具有创新意识

一、详述：麻省艺术与设计学院宿舍楼前广场设计

1. 项目概览

MassArt运用景观设计重新塑造了新住宅楼的公共形象，营造出一个崭新的学生活动中心，同时也反映出艺术与设计学院特有的富有表现力的一面。麻省艺术与设计学院（Massachusetts College of Art and Design, Mass Art）创建于1837年，是美国唯一一所公立艺术类院校。学院位于波士顿市亨廷顿大道（Huntington Avenue），由于道路两侧汇集了许多艺术场馆和教育机构，亨廷顿大道中段也被称为“波士顿艺术大道”。

宿舍楼前体验性的广场保持了随性的格调，让同学们能够“足够自在，甚至可以穿着睡衣来这里作画”。同时，这个位于波士顿艺术大道一侧的景观还丰富了公众的街头生活。设计的指导原则非常简单，即提供可以坐的地方，但基于艺术院校的背景，座椅的设计非常具有表现力。通过凹凸的平面和起伏的剖面，座椅灵活地将整个区域划分出适合独处、小组聚会以及班级活动的空间。无论是站在广场中还是从宿舍楼上，都可以看出，场地内的地面铺装形式与附近的植被和座椅上的彩色光带相呼应。

2. 设计与挑战

本项目是为麻省艺术与设计学院一栋新的宿舍楼的附属广场进行园林规划设计。这栋新宿舍楼名字叫作“树屋”（tree house residence hall）。“树屋”共20层，可容纳约500名学生居住。它的外立面用5500块彩色金属板组成，底部是深棕色的，象征着树根，向上颜色变浅，绿色的窗板在立面上象征着树叶。整栋建筑色彩缤纷，富有活力，远看像一幅画一样。

“树屋”及其附属广场建设完成后，这里不再只是一个行人匆匆路过的荒废地块，而是一处能够容纳多种活动的、具有强烈艺术表现力的、有着丰富视觉体验的艺术空间。

新宿舍楼在波士顿艺术大道上占据一席之地，在这块高度城市化的区域，还坐落着备受尊崇的艺术博物馆和Isabella Stewart Gardner博物馆。这座公立美术院校的负责人想要对楼前的一小块区域进行开发：让它在提供一些基础设施的同时，不再只是一个行人匆匆而过的地点，而是有着强烈的艺术表现性，同时营造出亲密氛围的场所。将这一点牢记于心，设计师将设计的焦点放在如何满足人气聚集这一需求上。如此一来，场地的意义便不言自明：为情侣提供约会地点；为班级集会提供空间；既是正式又是非正式的小团体聚会的场所，也为陌生人提供不期而遇的浪漫。

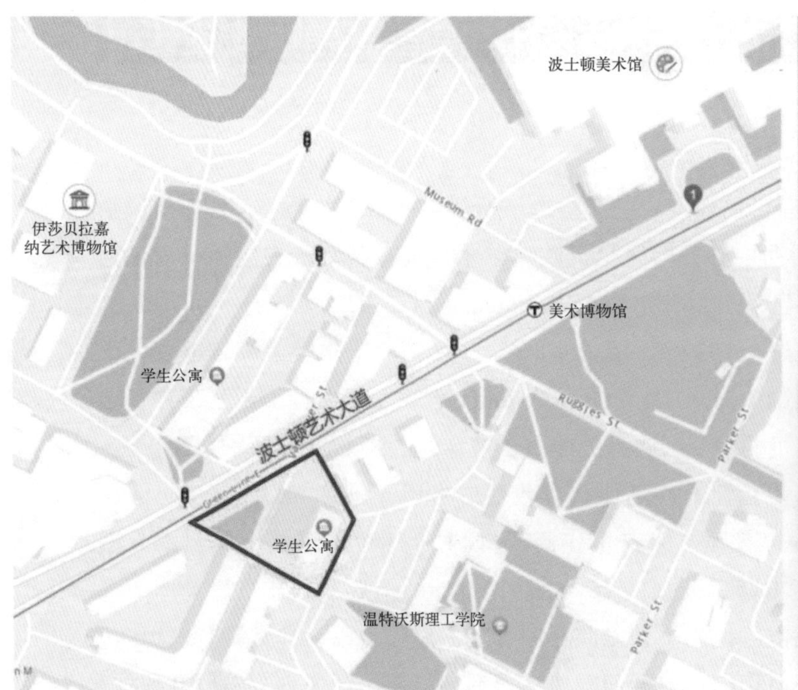

▲ 项目所在地

▲ 麻省艺术设计学院宿舍楼

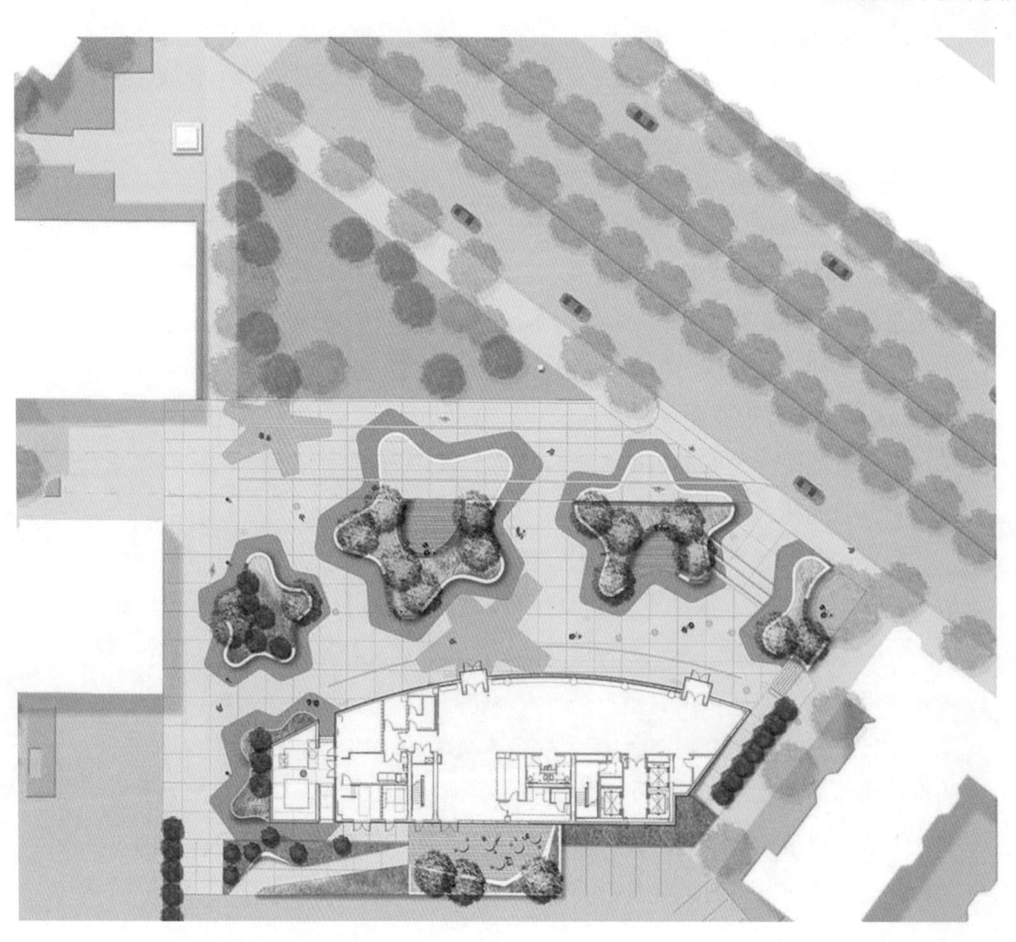

◄ 总平面图

▲ 花朵形的种植池，飘带般起伏的座椅

设计师设计了一组通过座椅围合的花池，平面上有凹有凸，剖面上高低起伏。座椅由一条条的板材排列而成，可以做成凹龛的形状，在不同的高度为人们提供就坐的选择。座椅上穿插可以发光的条板，微微倾斜的椅背随机竖立在连续的座椅中间。植物加强了自然的表现力，并为坐在这里的人们营造了亲切的气氛。开花的多年生植物和观赏性的草木围绕在常绿植物旁边，不仅分隔了空间，而且沿着植物组团边缘塑造出多彩的、动感的、不同肌理的层次。高出的桤叶树（amelanchier trees）（还有可以食用的浆果树）构成三维视线的中心，却不会打断视觉的连续性。在原有的银枫树的周围设计了一圈矮凳，在保护树木的同时也更加强调了它的存在感。此外，设计师意识到在新英格兰地区，冬季和夜晚在大学生们的生活中充当着非常重要的角色，因此，设计师将灯光、雕塑化的造型和常青植物结合起来，让景观在四季中的每时每刻都美美地静候着学生们的到来。在这个项目中，设计师遇到的挑战是，如何在场地中满足服务车辆使用需求的同时，营造亲切的、结构丰富的空间体验。

多条South Charles泄流排水管道的分支在宿舍楼下方汇集，因此，设计方案必须使场地能够适合Vactor 2011型卡车的体型和转弯半径。如此只能有选择地布置种植区，并将更大的面积留给铺地。为解决这一问题，设计师设计了纹样独特的硬地景观，使其成为植被区的阴影。如此一来，地面成了一幅画，宿舍楼上的约450名学生可以俯瞰它的全貌。此外，这些渗水铺地构成的“阴影”还有另外一项功能，即凸凹均匀的纹理阻止了玩滑板的人打破这里的宁静。地面铺装一直延伸到相邻的人行道上，从而构成了一条同时服务于行人和车辆的减速带。

该项目使用的材料比较常见且经久耐用，但对材料的处理绝不寻常。背景铺地使用的是暖色调的混凝土板。动感的地面铺装由线性排列的预制路砖和条形木板组成，突出建筑入口和花池的形状。

凹凸的座椅由定制的预制混凝土制成，每一个都与众不同，通过与预制公司分享3D文件来保证高水平的完成度。座椅上的木板和灯板宽窄不一，但都与广场的走向一致，与曲折的座椅形成对照。总而言之，好的设计、简单的材料再加上一点曲线，使得城市中的一小块区域转变为具有丰富空间和视觉体验的场所。

◀ Mass Art运用景观设计重新塑造了新住宅楼的公共形象，营造出一个崭新的学生活动中心，同时也反映出艺术与设计学院特有的富有表现力的一面

◀ 通过凹凸的平面和起伏的剖面，座椅灵活地将整个区域划分出适合独处、小组聚会以及班级活动的空间

▲ 植物加强了自然的表现力，并为坐在这里的人们营造亲切的气氛——正在使用中的座椅

▲ 水平向的木条排列成的座椅中穿插着可以发光的条板，微微倾斜的椅背随机竖立在连续的座椅中间

▲ 座椅由一条条的板材排列而成，可以做成凹龛的形状，在不同的高度为人们提供就坐的选择——黄昏下的植被和发光的座椅

▲ 动感的地面铺装由线性排列的预制路砖和条形木板组成，突出建筑入口和花池的形状

▲ 秋色

▲ 地面铺装一直延伸到相邻的人行道上，从而构成了一条同时服务于行人和车辆的减速带

▲ 景观位于艺术大道的一侧，担当起丰富公众街头生活的角色

场地背景铺装材料是暖色调的矩形混凝土板。花朵纹样由线性预制铺装材料和面状、砖块两种材质构成，铺设在宿舍楼主入口外，起到强调作用，还铺设在五个花朵形状种植池外围，仿佛影子，起到衬托作用。

场地铺装不仅仅使用在活动空间中，而且一直延伸到场地内的车行道和人行道上，把“走廊”转变成生活化道路，将整个广场连接成一个整体。从宿舍楼上俯瞰整个广场，地面构成了一幅精美画作。

▲ 夜景顶视图

▲ 该项目的意义在于，通过景观设计和简单的材料，将城市中的一小块区域转变为具有丰富空间和视觉体验的场所——一条条的光带横穿过广场

案例分析任务表六

<table>
<tr><td colspan="10">课题：</td></tr>
<tr><td>项目类型</td><td></td><td>项目面积</td><td></td><td>设计师</td><td colspan="5"></td></tr>
<tr><td>项目所在地</td><td></td><td>年均温</td><td></td><td>最高温</td><td></td><td>最低温</td><td></td><td>年降水</td><td></td></tr>
<tr><td colspan="10">任务一：解决问题的方案与方法分析</td></tr>
<tr><td>设计理念</td><td colspan="4"></td><td colspan="5">设计成果或解决方式</td></tr>
<tr><td rowspan="3">存在问题
与挑战</td><td colspan="4"></td><td colspan="5"></td></tr>
<tr><td colspan="4"></td><td colspan="5"></td></tr>
<tr><td colspan="4"></td><td colspan="5"></td></tr>
<tr><td rowspan="2">业主需求</td><td colspan="4"></td><td colspan="5"></td></tr>
<tr><td colspan="4"></td><td colspan="5"></td></tr>
<tr><td rowspan="2">设计目标</td><td colspan="4"></td><td colspan="5"></td></tr>
<tr><td colspan="4"></td><td colspan="5"></td></tr>
<tr><td colspan="10">任务二：空间（场地或者功能区）结构分析</td></tr>
<tr><td>典型空间</td><td>空间边界数量</td><td>空间大小</td><td>空间的动静</td><td colspan="2">空间的类型</td><td colspan="2">空间的焦点景物位置</td><td colspan="2" rowspan="4">备注：</td></tr>
<tr><td></td><td></td><td></td><td></td><td colspan="2"></td><td colspan="2"></td></tr>
<tr><td></td><td></td><td></td><td></td><td colspan="2"></td><td colspan="2"></td></tr>
<tr><td></td><td></td><td></td><td></td><td colspan="2"></td><td colspan="2"></td></tr>
<tr><td>思考题</td><td colspan="9">1. 本设计中各个空间之间关系是怎样的？　2. 本设计的方法与前 5 个案例的设计方法有什么不同？使用不完整的图案会形成什么样的空间感觉？
3. 本设计提供的景观功能有哪些？　4. 设计师通过哪些手段强化植物组团的形式？</td></tr>
<tr><td>印象最深刻</td><td colspan="9"></td></tr>
</table>

学习日期：

二、技能训练

① 尝试使用符号表达空间的围合状况，以及功能区和交通、排水关系。

细实线：表示功能区。

间断线+箭头：表示通行关系。

星号：表示焦点景物。

宽箭头：表示排水方向。

② 分析场地中几处小空间的围合度和方向感。

▲ 总平面图

三、知识提点

知识点1　空间的围合度

空间的围合度是指被垂直面围合的程度。不同程度的围合使得空间从内向到外向的特征不同。

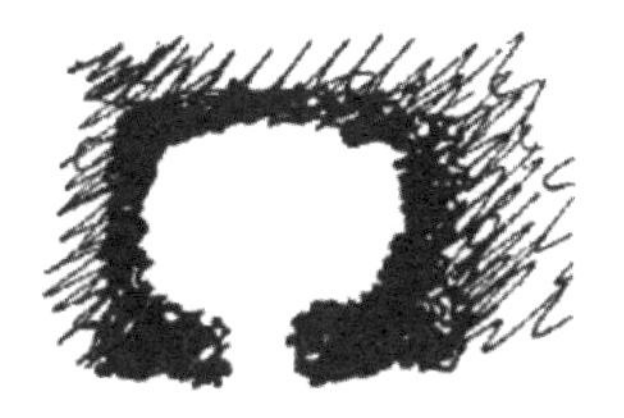

▲ 四面围合（360° 围合）

（1）四面围合

如果场地周围是不相容或冲突的环境，则宜采用创造最内向的空间特征的方法。例如，中东最早的花园是完全封闭的，以保护它们不受恶劣气候和周围环境的影响。中国古典园林也被高墙与周围的环境（通常是与城市）完全隔开。在内部创造一个完全不同的世界。现代的类似例子是由围墙或树篱围起来的城市内城花园，以及森林空地、游乐区、户外教室、音乐室和剧院等。这样的围合可以创造某种私密性，但是要注意尺度与材料，既可以形成某种愉快的亲切感，也可能形成令人不安的幽闭感。

▲ 三面围合（270° 围合）

（2）三面围合

创造出分隔感，同时也会在开口的方向形成某种引力，远处的焦点景物或者远景，会使得注意力超越空间的限制。这种“视野开阔的空间”适用于许多花园和游乐区，也适用于公共区域的座位，特别是在公园和乡村。

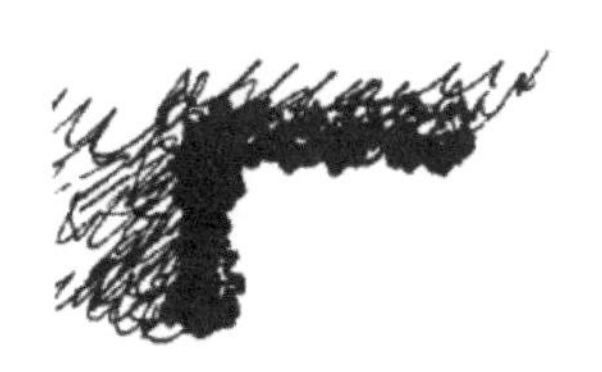

▲ 两面围合（180° 围合）

（3）两面围合

包围可以是L形或C形，一半通过圈定，一半通过暗示来定义空间。空间的范围是覆盖地面的面积，如果省略的两个边形成了实际边的镜像，将彻底围合。这类空间有外向的特点，可以自由地穿过一半的边界，此时可以设定一个明确的、有吸引力的焦点景物。这样的空间可能是受欢迎的。在许多正式的城市景观中，半封闭的场地可以沿着路线的边缘或围绕一个更大的主导空间的边界提供多样性。此外，座位区、装饰展示植物区、建筑入口等都可以受益于这种空间提供的保护和无障碍访问。

▲ 虚围合（孤立物体）

（4）虚围合

如果边界很小或者没有，则空间的界定会大大减弱。但是，如果有孤立的物体，则会形成一种暗示性的空间。如庭荫树，在其树冠之外，仍然会有某种空间感。

知识点2　设计母题及花朵图案

（1）母题

指的是一个主题、人物、故事情节或字句样式，其一再出现于某文学作品里，成为利于统一整个作品的有意义线索，也可能是一个意象或“原型”，由于其一再出现，使整个作品有统一的脉络而得到加强。

设计中常常会出现同形图案（同一图案的微变形）在空间或场地中不同界面上重复出现的手法，使整个设计显得统一而和谐。

（2）花朵图案

路德·波班克说：“鲜花总能使人感觉更好，更幸福，更能帮助他人。花是灵魂的阳光、食物和良药。”自人类历史开始以来，鲜花因其参差多态和丰富象征，不仅清新人们的精神，诗化人们的生活，装饰人们的居所和环境，而且成为设计的灵感或摹本。花朵最早植入亚洲的织物、器物、雕刻等手工艺术之中，次第盛开于北非、欧洲文明的历史时期，即使在抽象图案或极简主义流行的世代，花朵的芳踪依然清晰可辨。

知识点3　景观中灯光的价值

灯带起到装饰以及烘托气氛的作用，通过空间光环境塑造出引人入胜的展示空间和展示形象，采用多种照明手法展示主题形象，让人产生联想，唤起人的心灵共鸣，建立互通的情感交流。

① 实用价值：基础照明作用，导向作用，界定空间作用。

② 审美价值：视觉上的快感，情感上的共鸣。

③ 社会价值：夜景照明从艺术性的角度出发，遵循着人的视觉心理需求，富有秩序感的同时具有城市识别性，展现着城市精神和文化属性，赋予人们人文情怀。

四、扩展阅读：园林景观设计应以人为本

园林景观设计不仅要展现城市的良好形象，而且要重视提高大众的生活质量，这是由于人们生活理念的转变，即在物质生活需求得到满足的前提下有了更多的精神追求。所以在设计园林景观时，需要体现以人为本的理念，即在保证园林景观自身艺术价值的前提下，依托城市居民的多元化需求，设置多个景观功能，减少出现大面积、大范围绿化的情况。其整体设计要真正遵循公众生活、生产中的生理需求和心理需求，创建个性化、多元化的园林景观。园林景观设计的主要目的是让城市居民能够在观赏风景的过程中，通过景观内部错落有致的变化，调节自身负面情绪和心理压力，形成积极向上的乐观态度。所以园林景观设计不仅要保证提高居民的生活舒适度，而且要具备其他多种价值与功能。因此，园林景观设计应设置满足人们需要的设计目标，并结合其他设计成功经验，多倾听居民的建议或意见，尽可能在园林景观美观性与质量的同时，落实以人为本的设计理念。设计师需要特别关注园林景观的基础生态，即在不毁坏生态环境、森林植被的前提下，通过设计和改造提高园林景观的实用价值，减少对生态环境的负面影响。

案例七

气象万千的简洁布局
——诺华公司总部景观

• **项目信息**

设计者：PWP Landscape Architecture
项目地点：瑞士，巴塞尔
项目分类：公共空间，园区

• **教学目标**

知识目标：① 掌握空间类型、植物对边界的影响
② 了解极简主义设计、几何形状的组织原则
技能目标：① 识别与区分边界通过性的基本形式
② 初步掌握极简主义概括自然的方法
素质目标：① 养成热爱自然、观察自然的意识与习惯
② 接受形式为内容服务的理念

一、详述：诺华公司总部景观

依傍在莱茵河畔的诺华新园区总面积为51英亩，这里曾经是建在旧铁轨旁的工业园区，现在则成为诺华公司的现代化大型研究和管理步行区，园区内到处可见户外公园、各种植物和大规模艺术设计。该园区有员工约5500人，园区内所有建筑和公共空间的设计及施工都以环保为标准，即低能耗、本地植物覆盖、雨水径流规划和绿色屋顶种植。

▲ 诺华园区及周边城市环境鸟瞰图

1. 设计背景

诺华制药公司是全球知名的医药健康行业企业，世界三大制药企业之一，业务遍及全球150多个国家和地区。诺华制药公司总部位于瑞士巴塞尔的莱茵河畔，与德国和法国边界相邻。总部的行政办公楼位于诺华工业园区内的核心位置。本项目则是为该行政办公楼附属的公共空间进行园林规划设计，进而为在本行政办公楼内工作的和在工业园区内其他区域工作的共约5500余位员工提供舒适的工作环境。

这里是有着100多年历史的公司的旧址，多年来发展成重要的工业生产基地。然而环境却遭到了严重的破坏，土壤污染严重。地下设施接近饱和，几乎占用了所有建筑之间的空地。景观设计师带领由国际设计师和来自各学科的专家组成的团队，将整个园区打造成一个动态社区和环境可持续发展的园区。工程早期工作主要是清除所有受污染的土壤，并重新铺上从附近挖来的未受污染的土壤。

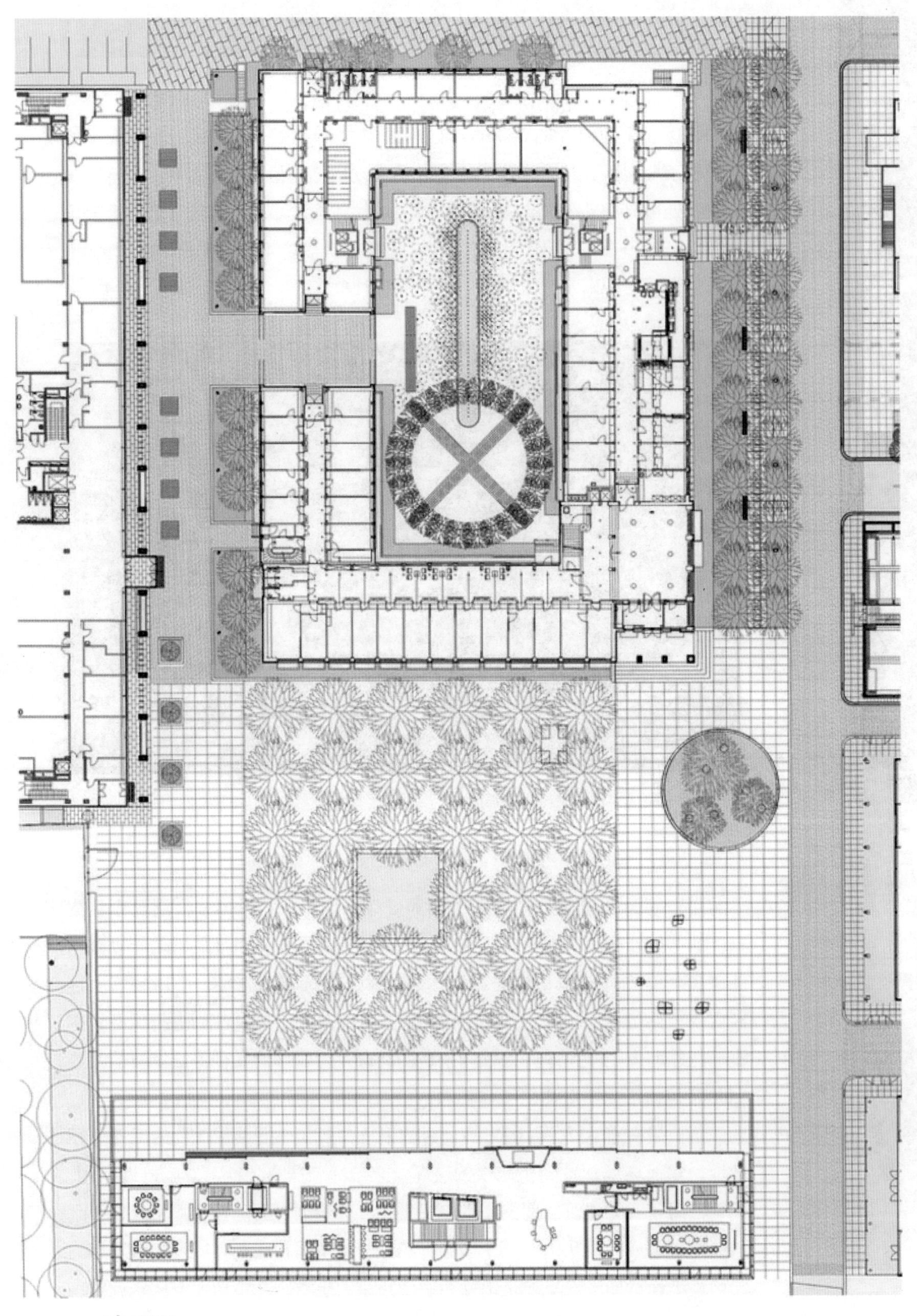

▲ 场地规划

2. 设计与施工

诺华总部的户外空间体现了成功的园区设计的精髓，员工可以在此就餐、休息、散步以及参加各种活动。园区全年都可为各种活动提供场地，人们的心情也随着季节的变化而变化。行走在园区内，就好像漫步在一个有关装置艺术和建筑艺术的室外展廊里。这里有许多有特色的艺术家的作品，而周边的建筑则是由当今知名的建筑师所建造。

景观设计师设计了几个主要的户外空间环绕在总部大楼周围，包括论坛广场、庭院和沿Fabrikstrasse的街景。论坛广场的入口效仿了古老城镇广场的样子，以展示巴塞尔悠久的历史。Fabrikstrasse主门外有一个风格简约、比例典雅的石雕广场，周围栽种了35棵大型针栎。针栎是曾经居住在巴塞尔的凯尔特人的象征，代表公共而庄严的空间。针栎是本地植物，将成年针栎精心栽种在建筑四周，用以扩大周围建筑的建造网格。环绕在建筑四周的树木为环境增添了活力，随着季节由夏入秋，园中的颜色也随之变化。

▲ 欧洲鹅耳枥围成一个开放的草坪，白色大理石小路将建筑物与桦树林连接起来

▼ 邻近的桦树林透着斑驳的阳光

总部大楼的庭院可以用来召开临时会议、举行公司聚餐活动。一块长方形浅浅的水池周围栽种了235棵喜马拉雅桦树，从建筑墙体到水池之间的密度逐渐增加。桦树林下铺满了花岗岩碎石，还配有可移动的不锈钢咖啡桌椅。碎石来自莱茵河，可以在雨水流入莱茵河之前将其过滤。庭院里，一圈修剪过的欧洲鹅耳枥围出一块草坪，草坪与水池的一端相重叠，水池旁整齐地种植一排排桦树。草坪上两条白色大理石小路呈“十”字展开，从总部大楼执行区大门出来，可由此去往庭院或通过地下通道到达园区周边。草坪上的青铜雕像紧邻十字小路中心树立着。

3. 可持续性和设计价值

园区内许多特别的设计元素用以降低整体园区能耗，减少和重新利用雨水径流，并尽可能地采用当地材料。本地的针栎可以减少灌溉需求，绿色植物屋顶使整个建筑绝缘的同时还可以减少雨水流向地面，当地的卵石可以将地面雨水中的颗粒滤掉；而现有的建筑材料被循环利用做建筑用土，垫在论坛广场下做砌石护坡。

▲ 橡树林下的空间很受欢迎，员工在此吃午餐，夏季这里也是好的休憩地

社会和经济的可持续发展是诺华决定留在巴塞尔的主要原因。诺华是该城规模最大、资历最老的雇主之一。因此将园区搬到城外不利于巴塞尔的经济发展。园区的设计表达了对巴塞尔这座古城悠久历史的缅怀与纪念，并为园区内约5500名员工创造了良好的工作环境。

园区内大楼之间的户外空间是景观项目设计的重中之重，为未来的园区和周边街景设计发展奠定了很高的基点。

▲ 夜晚，周围建筑的灯光照亮了树林，让艺术装置更为突出

▲ 早春，先花后叶的植物先开放，而这时乔木的树叶还未发芽。员工穿过论坛广场时，心情从冬天变成春天。

▲ 由夏入秋，树林发生着改变，穿越其中的人们也体会到这一切

▲ 秋天的林下空间

▲ Fabrikstrasse道路的秋季景观

▲ 员工行走在园区内，照明和家具都是专为诺华定制设计的

▲ 员工在喜马拉雅白桦树林下休息，阳光斑驳，安静惬意

▲ 树荫与阳光的交错之中，员工正在参加社交聚会

▲ 庭院内精心修剪的欧洲鹅耳枥林突出了场地的几何形状与强烈的空间感

案例分析任务表七

<table>
<tr><td colspan="10">课题：</td></tr>
<tr><td>项目类型</td><td></td><td>项目面积</td><td></td><td>设计师</td><td colspan="5"></td></tr>
<tr><td>项目所在地</td><td></td><td>年均温</td><td></td><td>最高温</td><td></td><td>最低温</td><td></td><td>年降水</td><td></td></tr>
<tr><td colspan="10">任务一：解决问题的方案与方法分析</td></tr>
<tr><td>设计理念</td><td colspan="4"></td><td colspan="5">设计成果或解决方式</td></tr>
<tr><td rowspan="3">存在问题与挑战</td><td colspan="4"></td><td colspan="5"></td></tr>
<tr><td colspan="4"></td><td colspan="5"></td></tr>
<tr><td colspan="4"></td><td colspan="5"></td></tr>
<tr><td rowspan="2">业主需求</td><td colspan="4"></td><td colspan="5"></td></tr>
<tr><td colspan="4"></td><td colspan="5"></td></tr>
<tr><td rowspan="2">设计目标</td><td colspan="4"></td><td colspan="5"></td></tr>
<tr><td colspan="4"></td><td colspan="5"></td></tr>
</table>

<table>
<tr><td colspan="7">任务二：空间（场地或者功能区）结构分析</td></tr>
<tr><td>典型空间</td><td>空间边界数量</td><td>空间大小</td><td>空间的动静</td><td>边界的类型</td><td>空间的焦点景物位置</td><td rowspan="5">备注：
空间边界的类型，按照视线和身体的通过性，可以形成不同的组合关系，如视线上可以通过，身体无法通过，视线和身体均无法通过等</td></tr>
<tr><td></td><td></td><td></td><td></td><td></td><td></td></tr>
<tr><td></td><td></td><td></td><td></td><td></td><td></td></tr>
<tr><td></td><td></td><td></td><td></td><td></td><td></td></tr>
<tr><td></td><td></td><td></td><td></td><td></td><td></td></tr>
<tr><td>思考题</td><td colspan="6">1. 本设计中各个空间之间关系是怎样的？ 2. 树阵形成的空间各个界面的特性（对视线和身体的通过性）如何？
3. 本设计提供的景观功能有哪些？ 4. 设计师运用了哪些几何形状？ 5. 你还了解彼得沃克的哪些极简主义作品？</td></tr>
<tr><td rowspan="2">印象最深刻</td><td colspan="6"></td></tr>
<tr><td colspan="6"></td></tr>
</table>

学习日期：

二、技能训练

① 在图中标示出几个典型空间界面的通过性。

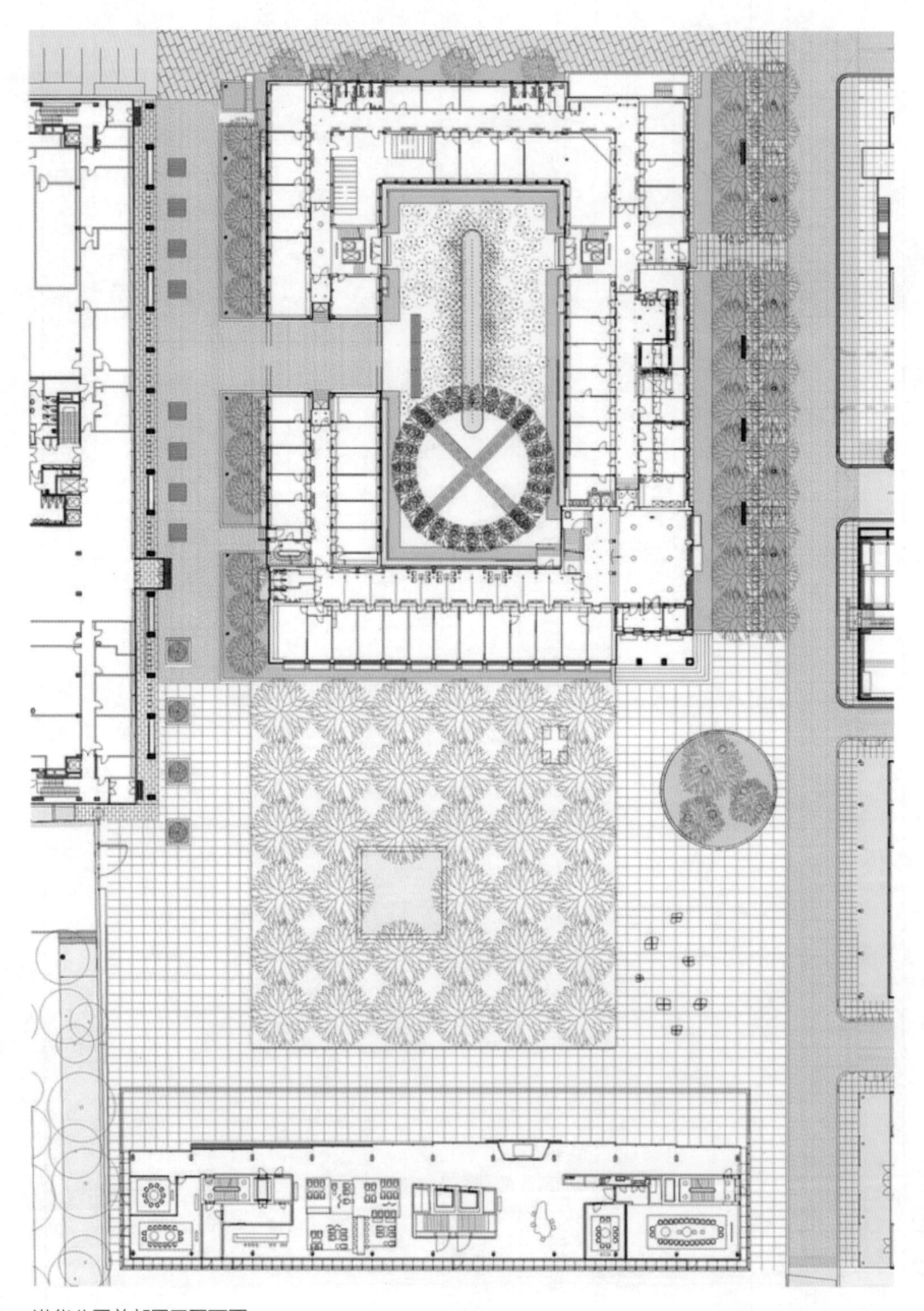

▲ 诺华公司总部园区平面图

② 尝试使用几何图形概括下图中的水景及景物平面布局。

▲ 某河流跌水鸟瞰与细部

三、知识提点

知识点1 边界的通透性

绿色空间是由不同生长习性和树冠高度的植物构成的。它们提供了各种视觉的封闭与开放、身体的通行与不可通行的组合。这就是人们所说的空间围合的渗透性，它对空间的构成和特征的影响与围合程度一样重要，决定着空间之间的联系与渗透性。

（1）视线封闭+身体不可通行

边界是完整的，视线完全被叶幕所遮挡，灌木、树篱或者乔木树干形成完整的屏障。这种空间有很强的内敛性，与外部完全分隔开来。

▲ 视线封闭+身体不可通行

（2）部分视线封闭+身体不可通行

在封闭的边界上，视线高度形成视窗，可以通过控制树木之间的栽植距离和灌木的高度来实现。视窗可大可小，与空间外景物形成透漏关系。

▲ 部分视线封闭+身体不可通行

（3）部分视线封闭+身体可以通行

只栽乔木不种植灌木，则没有移动障碍，但狭窄的带状或单行树木清楚地界定空间。树木形成头顶高度以上的树冠，树干的间距将决定它们之间的可见度。

▲ 部分视线封闭+身体可以通行

（4）视线开敞+身体不可通行

栽植中等高度的灌木，达到腰膝高度，则可以界定一个明确的范围，但视线完全开放。通常用于一个大空间的子空间。

▲ 视线开敞+身体不可通行

（5）视线开敞+身体可以通行

可以通过膝盖高度或以下的低矮植物来定义。在地面上虽然难以自由行走，但并不能完全阻止运动。低矮的植物在这种空间中的作用不是在视觉上连接不同的区域。

▲ 视线开敞+身体可以通行

知识点2 极简主义景观

极简主义（minimalism），又称最低限度艺术，它是在早期结构主义的基础上发展而来的一种艺术门类，在20世纪60年代出现于绘画和雕塑领域。很快，极简主义艺术就被彼得·沃克（Peter Walker）、玛莎·施瓦茨（Martha Schwartz）等先锋园林设计师运用到他们的设计作品中去，并在当时社会引起了很大的反响和争议。

彼得·沃克将极简主义解释为：物即其本身（The object is the thing itself）。“我们一贯秉承的原则是把景观设计当成一门艺术，如同绘画和雕塑……所有的设计首先要满足功能的需要。即使在最具艺术气息的设计中还是要秉承功能第一的理念，然后才是实现它的形式”。

彼德·沃克是当今美国非常具有影响力的园林设计师之一，由于他的作品带有强烈的极简主义色彩，他也被人们认为是极简主义园林的代表者。人们在他的设计中可以看到简洁现代的形式、浓重的古典元素、神秘的氛围和原始的气息。

彼德·沃克的代表性作品有911纪念碑公园、哈佛大学唐纳喷泉等。

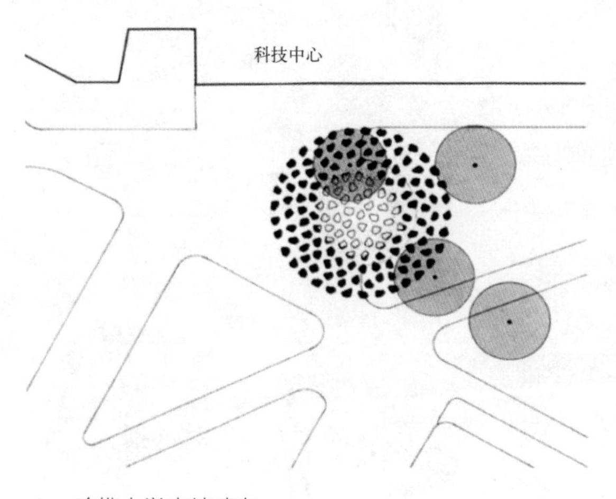

▲ 哈佛大学唐纳喷泉

四、扩展阅读：极简主义的东方溯源

极简主义景观是现代主义景观的总结与发展。极简主义景观设计的代表人物彼得·沃克认为“园林于19世纪末20世纪初，早在建筑之前就已经进入现代主义阶段，因为在日本传统园林和17世纪法国园艺师安德鲁·勒·诺特的规则式园林中，古典主义的真正精神和现代主义的萌芽都已十分明显”。

查尔斯·詹克斯在其《后现代建筑语言》一书中指出：“中国园林有实际的宗教上和哲学上的玄学背景。”早在春秋战国时代的中国，哲学家老子就曾经有“少则多，多则惑”的说法。禅宗源于佛教文化东渐，是在中国文化土壤上形成的一个中国佛教宗派。禅悟折射出十足的空寂、空灵，淡远却不乏明净、流动、静谧的气韵。中唐时期，禅宗美学的兴起，将审美与艺术中主体的内心体验、直觉感情等的作用提到极高的地位，使之得以深化，并把禅宗思想融入中国园林的创作中，从而将园林空间的“画境”升华到“意境”。在手法上构筑出中国园林小中见大、咫尺山林的造园手法，以及崇尚简淡古拙的审美取向。受中国园林的影响并进一步自我发展，日本园林运用非常单纯的材料和极为简练的手法，以枯山水的形式营建禅寺园林，表现广大无垠的自然世界，把纯净抽象推向极致。

案例八

小中见大的中国园林——燕赵园

- **项目信息**

设计者：石家庄市建筑设计院、承德市文物局古建处等

项目地点：日本，鸟取县东乡湖

项目分类：古典园林

- **教学目标**

知识目标：① 掌握空间组织的形式，理解中国园林景物组织的方法

② 掌握中国古典皇家园林的基本构成

技能目标：① 识别与区分空间组织的方法

② 具备景物组织分析的能力

素质目标：① 认可终身学习的理念

② 培养严谨的设计逻辑

一、详述：日本神户的燕赵园

1. 项目缘起

燕赵园是为纪念河北省和日本鸟取县缔结友好省县五周年，由日方投资、中方设计并提供主要建筑材料和施工技术指导而建成的中国清式皇家园林。

因河北省为战国时期燕、赵等国所在地，故本园命名为“燕赵园”。

2. 设计指导思想

园址选于日本鸟取县中部东乡町东乡池南畔，是环东乡池羽合公园的一个组成部分。全园占地1公顷，北面临水，南面遥对起伏的山林，山清水秀，具有依山傍水的地势条件。

为尊重日方提出园林的风格为中国皇家园林的意见，本工程的设计指导思想为：

① 将中国古典皇家园林的特色尽量介绍给日本人民；

② 使花园建成后与周围优美的环境协调一致，并将青山绿水引入园中，成为有机的整体，体现中国园林源于自然且高于自然的艺术风格。

3. 总平面布局

中国的皇家园林一般都占地规模浩大，要在1公顷地面上做出皇家园林的特色难度很大。

▲ 燕赵园平面布局

以清代皇家园林为例，它的特点为：

① 有一组呈中轴线对称布置的行宫建筑群；

② 主园林利用大片自然山水形成，强调其天然色彩；

③ 在自然山水园林中，往往建有小体量的“园中园”，大多带有江南私家园林的特色。

根据以上分析，将燕赵园分为三个区：

① 主入口处四合院有明确的中轴线，是行宫的缩影，使用功能为展厅、小商品展售等；

② 占总面积85%的仿自然山水园林；

③ 位于西南角江南园林风格的“园中园”——梧竹幽园。

总体布局采用中国庭院传统手法，水面位居中心地带，其西北方向为山脉，东南方向为主要建筑华夏堂，两者隔水相对。

主入口居中向南开，东西两侧另有两个辅助疏散口，其中一个用于残疾人坐轮椅出入。

4. 空间序列

为了在有限的场地内营造深远而丰富的空间感，本园采用中国园林“欲扬先抑”的设计手法，沿主入口轴线由南至北设计收放变化的空间序列。

首先利用四合院，将游人的视线先限制在一个小空间内，这是第一个“收”。穿过华夏堂，看到相对开阔的天湖水面，便有豁然开朗的感觉，这是第一个“放”，同时又是第二次“收”，因为天湖的体量怎么也比不了东乡池，故将主山脉沿西北展开，其目的是对游人的视线做一个截断，使他们在华夏堂看不到东乡池，把注意力集中在园内景色上。渡过天湖登上主山或绕到东北角迎水坊观池台，一望无际的东乡池才展现眼前，心情又为之一振，这是第二次“放”。这种既是人为而又不生硬的空间序列设计，已被实践证明能取得良好的园林空间效果。

▲ 燕赵园鸟瞰图

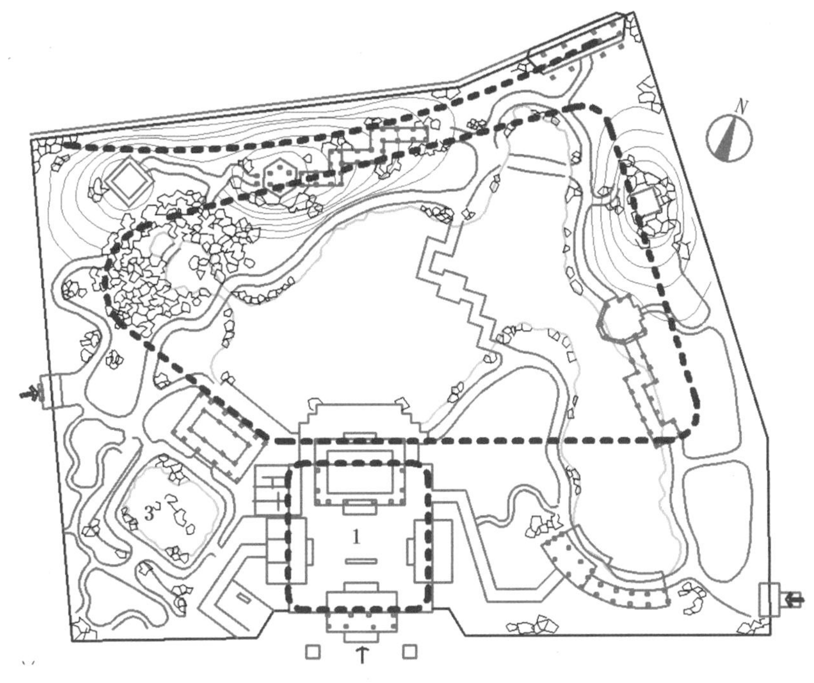

▲ 燕赵园分区图

5. 园景设计

（1）山石

山脉沿西北园界延伸，以土山为主，高低起伏，点缀以亭、坊、廊等建筑物，形成美丽的轮廓线。在园的西北角，以黄石叠成高约5m的天池山，飞云瀑从天池泻下落入音潭。山中有双层可攀登的“别有洞天”隧道。在湖岸边、草地上、建筑物及围墙拐角部散落着体量不一、造型多样的叠石，尽量减少园林的人工建造痕迹，增加其天然色彩。

▲ 从迎水坊方向俯瞰燕赵园

（2）水面、小桥

水面面积约占总面积的27%，有主次动静之分。

主水面天湖吸引大量游人，水面开阔，瀑布飞泻，是“动”水面；而东南角南北狭长的荷池，则为幽雅的“静”水面。

顺着蜿蜒曲折的湖岸，点缀了轩、榭、亭、廊等建筑物，疏密有致、互成景观。在水面的“瓶颈”部位，有三座形状各异的桥，形成多个层次，使空间和水面不断延伸。

（3）建筑物

本园建筑物共计16处，均为木结构、单层，总建筑面积988m²。

建筑物形式多样，有堂、轩、榭、坊、亭、廊、门等。

建筑物大木构架、小木装修及彩画工程均严格按清制营造法式皇家园林设计施工，琉璃瓦、青砖瓦、石雕石刻等材料均按传统工艺加工制作，主要厅堂内布置中国清式宫廷室内陈设，主要建筑物设牌匾对联，既金碧辉煌，又文风十足，体现了中国古典园林独有的文化内涵。

（4）景点

全园有28处景点，互相呼应形成一个完美的整体。其中最具代表性的是三景轩，运用“框景”手法，将其定位在相对一览亭、华夏堂、荷风榭三个建筑适中的位置（视距45～65m，水平视角30°，垂直视角≤14°）。通过准确的视距及透视计算，可使游人站在三景轩中心地，同时从三个圆形景窗中可以看到上述三处建筑美景，建成的实际效果非常理想。

▲ 三景轩遥望一览亭

华夏堂与听雨轩在纵轴方向成36°，使梧竹幽园的平面及空间组合更灵活，与围墙地形更贴切，尤其使“松石影壁”的受影墙正对南向，可取得最佳光影效果。

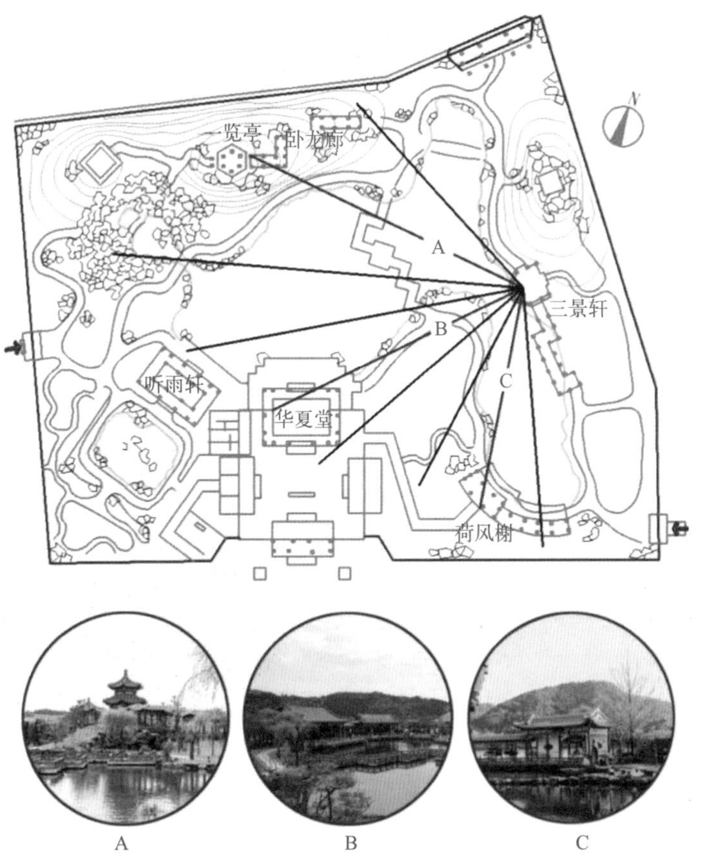

◄ 三景轩框景分析图

▲ 三景轩

（5）园中园

游人在游览了开阔的仿自然山水之后，转到西南角步入以听雨轩、梧竹幽园为中心的“园中园”。园中水面叠石小巧玲珑，粉墙青瓦，竹林沙沙，通过阴阳廊将松石影壁、百花圃、盆景园等小型景院串联起来。曲折的回廊，纵横的墙面，透过层层院门漏窗，不断变化着景色，让游人领略到中国江南庭园“小中见大”“步移景异”的设计手法。

▲ 松石影壁

▲ 园内的传统人物组雕

案例分析任务表八

课题:									
项目类型		项目面积		设计师					
项目所在地		年均温		最高温		最低温		年降水	

任务一：解决问题的方案与方法分析		
设计理念		设计成果或解决方式
存在问题与挑战		
业主需求		
设计目标		

任务二：空间（场地或者功能区）结构分析						
典型空间	空间边界数量	空间大小	空间的动静	空间的类型	空间的焦点景物位置	备注： 1.焦点景物的位置可以在空间外、空间内（正中、一边、一角），也可以在空间的交界面上 2.空间的组织形式有线性空间、簇状空间、包含式空间等

思考题	1.设计方理解的中国皇家园林有哪些特点？ 2.三景轩的三组画面是如何确定的？ 3.各个空间的组织形式是什么？ 4.你认为中国式园林是如何组织景物的？ 5.中国式水景对自然的模仿和概括有什么特点？
印象最深刻	

学习日期：

二、技能训练

在图中标示出焦点景物（园林建筑）之间的互看关系。

▲ 燕赵园平面图

三、知识提点

知识点1 焦点的位置

公共建筑空间的焦点通常是一个占主导地位的建筑、一座雕塑或一个水景。在植物包围的空间里，焦点可以是这些，也可以是其他物体，如凉棚或凉亭，或者只是一棵引人注目的树。无论焦点是什么，它都需要与周围环境不同，并且具有强烈的个性。焦点的特征往往会主导一个空间并定义它的身份。

（1）对称式焦点

具有内部中心焦点的静态空间常被描述为“中心”。如果焦点在对称轴的交点附近，空间的对称性就会得到强化。在这样一个对称的空间中，动态力量保持平衡，给人一种平静和通常严格的正式特征。

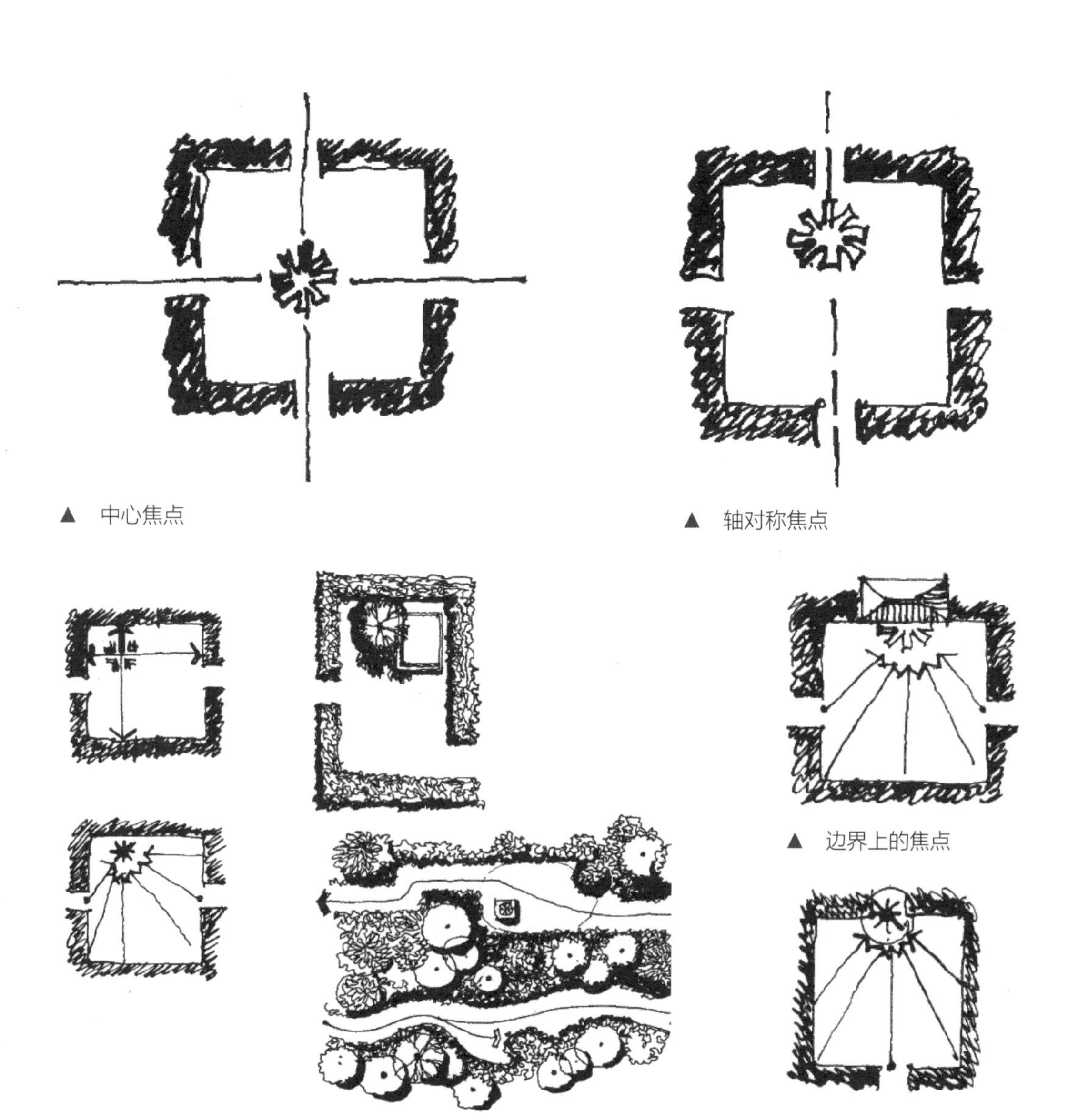

▲ 中心焦点

▲ 轴对称焦点

▲ 非对称焦点，可以给静态空间和线性空间增加动感

▲ 边界上的焦点

▲ 入口作为焦点

（2）非对称式焦点

当任何物体位于一个确定的空间中时，物体和空间边界之间就会产生动态作用力，这些力的强度取决于与边界的距离和空间的整体几何形状，这个原则被理解并应用于视觉艺术。如果一个静态空间的焦点位于偏离中心的位置，那么力的总和就会给空间构图带来一种动态的、定向的质量。

（3）边界焦点

空间的焦点可以位于边界或边缘的某个位置。围绕结构的种植，尤其是颜色或形式上令人注目的植物，能形成引人注目的主景和空间的焦点。入口作为一个重要的接触点，或者从外部窥视内部景物的地方，可能成为注意力的中心。事实上，在没有其他焦点的时候，主入口就很可能成为一个空间的焦点。

（4）外部焦点

一个突出的标志，即使是有一些距离，也可以作为空间的焦点。它给出了视轴线的方向，也给了空间特定的身份，一种地方的感觉，因为它在视觉上是包含在空间内的。外部焦点也是空间体验的一部分。外部焦点可以用来强调空间的形状、围合或坡度所固有的方向。典型的例子就是在大道的另一边放置一个纪念碑，以那里作为端点设置一条又长又直的远景。

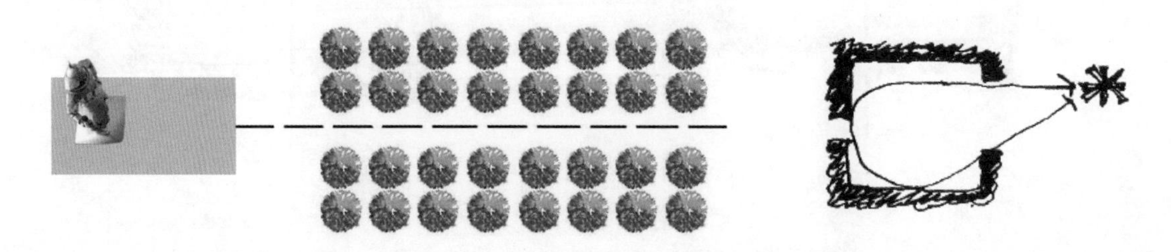

▲ 外部焦点示意

知识点2 中国园林景物组织方法

（1）位置关系

对景：从甲观赏点观赏乙观赏点，从乙观赏点观赏甲观赏点的构景方法，就是人们所说的对景。

借景：在视线所及的范围内，将空间之外好的景色组织到空间内园林景观中的手法。

（2）看的方式

抑景：是一种控制视线、引导空间的造景手法，主要为营造“曲径通幽”“庭院深深”的园林意境。

透景：美好的景物被高于游人视线的地物所遮挡，须开辟透景线，这种处理手法称为透景。

框景：利用空窗、洞门、廊柱围拢等封合的围框，框住某一处风景，四周出现明确界线，让园林景物更有画面感、更为精致的手法。

漏景：漏景是从框景发展而来的。框景景色全观，漏景若隐若现，含蓄雅致。漏景可以采用漏窗、漏墙、漏屏风、疏林等手法。

障景：是指遮住破坏景观的事物。

（3）组图手法

添景：增添景物，丰富画面构图或者景观层次的一种手法。

（4）升华景物

点景——点明景观主题。

四、扩展阅读：善于学习的国度与终身学习理念

日本成为发达国家，与它善于学习的精神有着密不可分的联系。第一次大学习：向中国学习，从公元630～895年，日本政府不断派人到中国学习，中国的许多律令制度、文化艺术、科学技术、风俗习惯等传入日本。第二次大学习：向西欧列强学习，仅仅26年，日本从一个又小又破又穷的东亚弱国，一跃成为资本主义军事帝国。第三次大学习：向美国学习，第二次世界大战后，各国的经济都有所受损，而战败的日本，通过学习成为世界上数一数二的发达国家。

我们也应该善于学习，勤于学习。终身教育和终身学习已成为20世纪以来最重要的国际教育思潮，从实践层面看，促进这一教育思潮蓬勃发展的重要推手既包括政府部门、公司企业和社会团体，也包括教育机构、学习型组织和学习者个体。《中国教育现代化2035》确立"更加注重终身学习"的基本理念，提出到2035年推动我国成为学习大国的重要目标，并进一步明确"构建服务全民的终身学习体系"的战略任务。

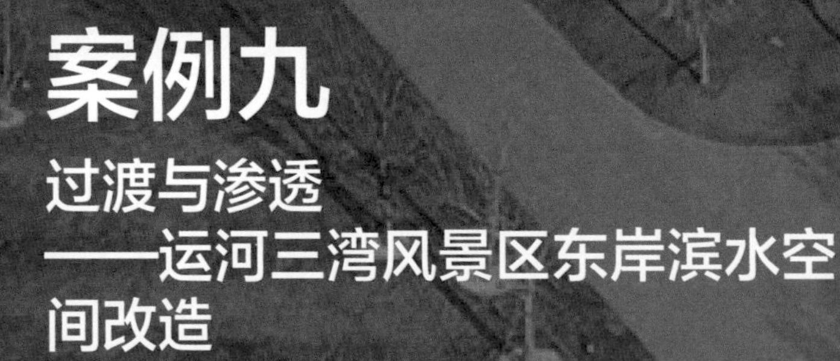

案例九

过渡与渗透——运河三湾风景区东岸滨水空间改造

- **项目信息**

设计者：GED 格境设计

项目地点：中国，扬州

项目分类：公共空间，滨水空间

- **教学目标**

知识目标：① 掌握空间组织形式

② 了解植入型设计的方法

技能目标：① 组织线性空间的能力

② 能够熟练使用植物塑造空间的边界

素质目标：① 认可终身学习的理念

② 培养严谨的设计逻辑

一、详述：运河三湾风景区东岸滨水空间改造

1. 项目背景

扬州运河三湾风景区位于扬州古运河南段，是扬州主城构建“北游瘦西湖，南游三湾”的城市文旅新格局中的重要部分，也是江苏建设大运河国家文化公园的先行示范区。

明代以前的运河三湾段（原名宝塔湾）河道平直、流速快，不利于船行，后在明代扬州知府郭光富的带领下由直取弯，进而形成三道水湾而得名“三湾”。

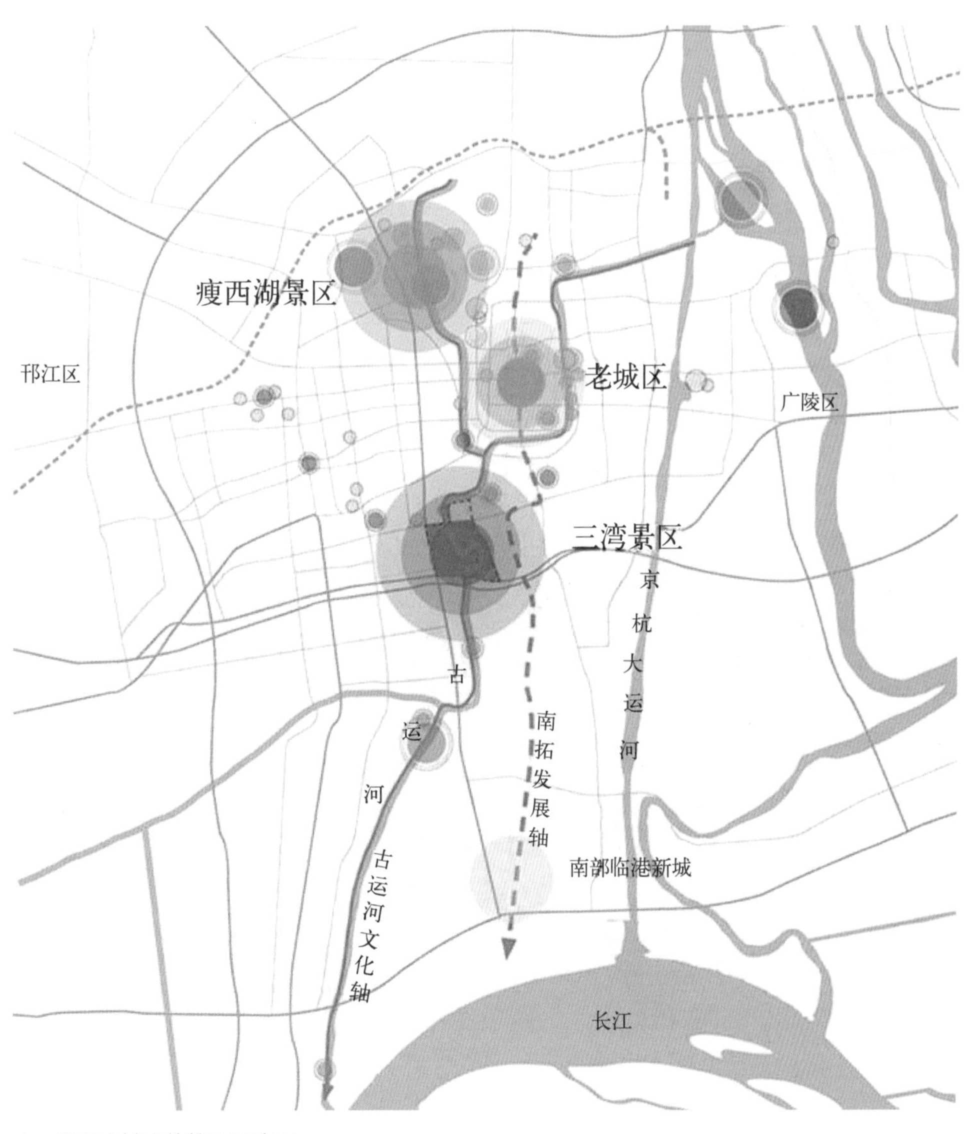

▲ 扬州主城文旅格局示意图

▲ 运河三湾段在历史上经历了四个发展时代

新中国成立后的三湾逐步发展为扬州城南的工业区，2008 ～ 2017年又逐渐由工业区蜕变为生态公园。2018年，三湾景区被重新定位为扬州南部的文旅核心，景区发展迎来新的契机，也迎来更高的要求，其中滨水空间改造工作成为景区提升的关键一步。

2. 场地

本项目所改造的东岸滨水空间是三湾景区的主入口，也是运河面向城市的重要界面；其改造面积3.71公顷，岸线长度约750m。

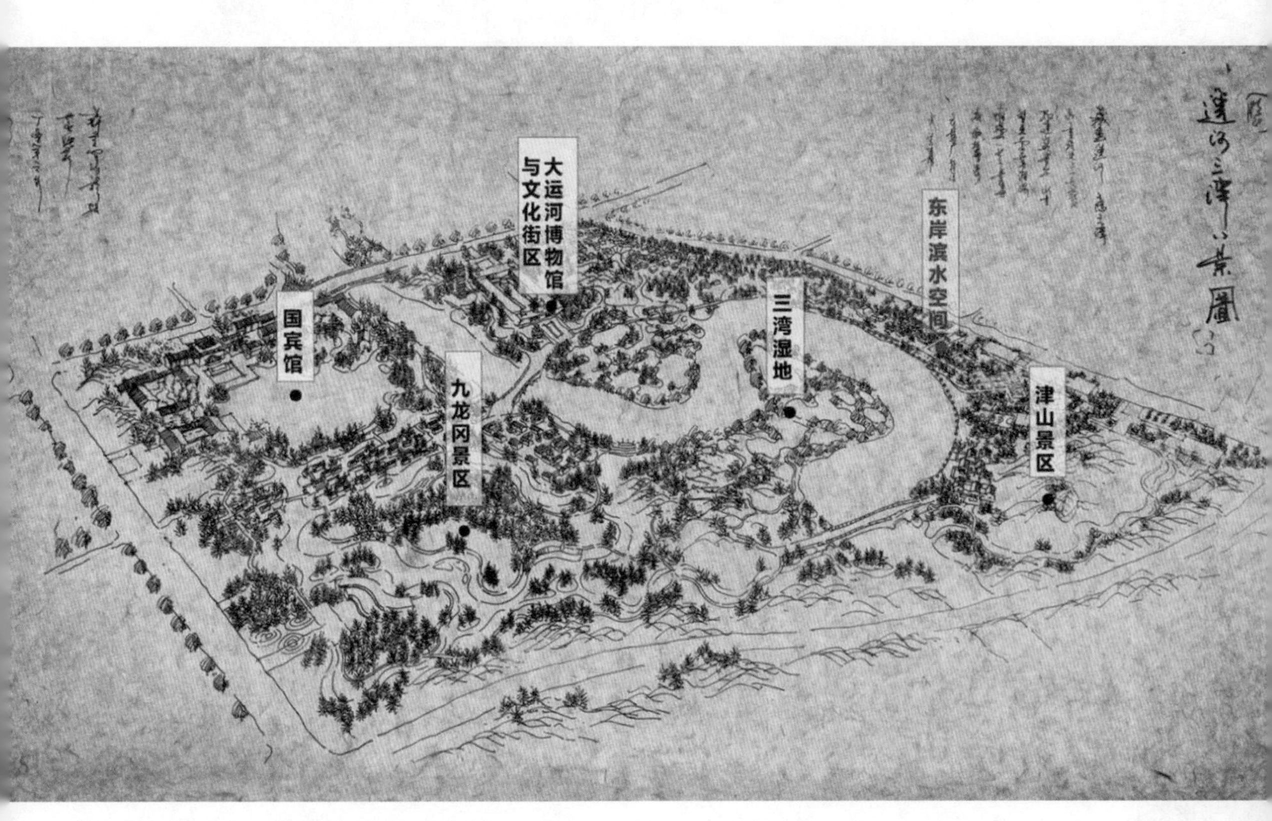

▲ 运河三湾景区概念规划与本项目位置

▲ 场地现状：临水不亲水，游人与运河无法互动

3. 方案

改造以“还河于民”为宗旨，以“藏画运河、文隐三湾”为理念展开设计，旨在打造三湾滨水空间改造的样板区。

设计以“开放、植入、串联、点睛”为策略，重点开放全线滨水界面，植入“运河客厅”和“运河舞台”两处主题空间，并以绿道和滨水步道串联片区内外部交通，点缀多个与运河共融的特色节点。

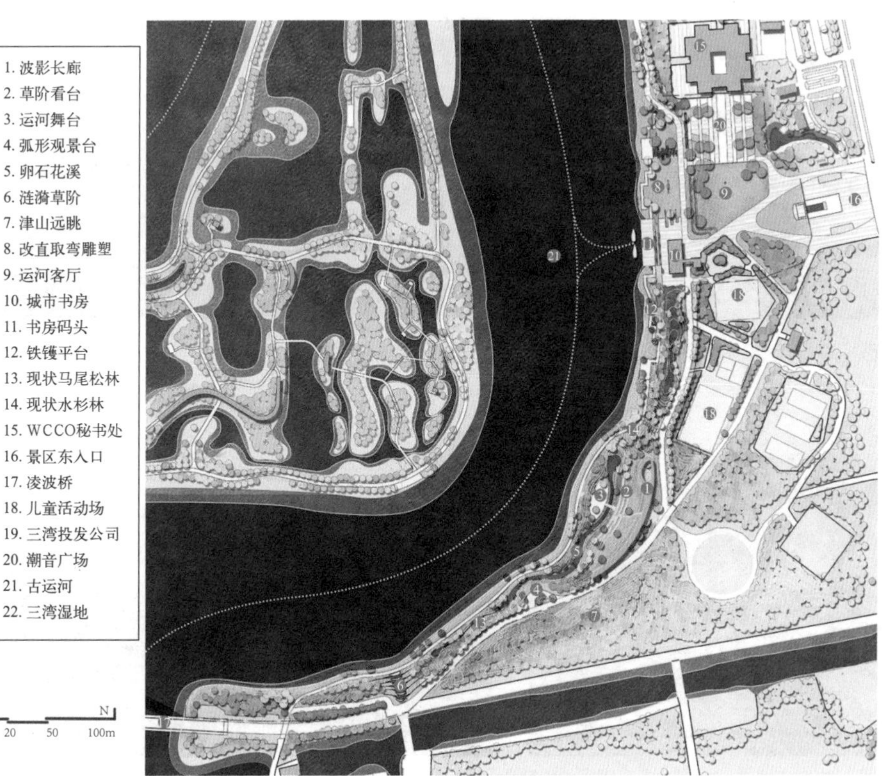

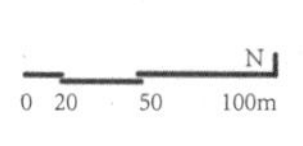

▲ 设计总平面

▲ 运河客厅局部鸟瞰

4. 改造成果

（1）还河于民的水岸空间

运河客厅：东入口原场地空间与交通秩序混乱，改造中移植了轴线上原有的遮挡视线的部分乔木，将原有中央草地完全打开，保证运河视线和广场轴线互通，并简化了游线。

▲ 特选朴树与草地花境组合，透景运河又营造中间层次

▲ 驳岸处植物做减法，绿道后退、滨水界面形成缓坡

▲ 亲水栈道系统与缓坡入水的驳岸相结合

▲ 运河舞台局部鸟瞰

▲ 开放的运河舞台与运河、湿地及大运塔形成完整画面

（2）因地制宜的环境利用

设计妥善留存并利用了现状马尾松林、水杉林和岸边垂柳，实现现状环境的价值最大化。

▲ 采用保留、嵌套与补植三种方式，强化植物与运河的场景互动，绿道与现状水杉林带相融合

▲ 改造中留存的三片乔木林带

（3）层次丰富的生态策略

改造前的岸线僵直，没有实现水岸应有的生态效益。设计通过岸线进退和缓坡湿生植物带处理，恢复河岸的亲水与生态多样性。在保持75%的绿地率基础上，使用透水沥青、嵌草汀步和架空栈道等透水铺装，进一步减少地表径流。

▲ 草坡入水的自然驳岸结合水生植物缓冲带

▲ 生态化的驳岸改造

▲ 利用天然凹地配置湿生植物，营造卵石花溪

（4）岸河互动的细节表达

利用场地的软硬交界面、高差界面和形象立面，进行趣味细部表达，强化岸河互动的空间感知。

▲ 波浪造型的曲线坐凳和嵌草台阶，呼应运河和大运塔的韵律

▲ 种植池边界采用波浪状的软硬景观元素穿插过渡

▲ 嵌草台阶与汀步，让植物与活动空间自然交融

▲ 涟漪台阶，呼应水岸线边界，同时实现台阶与坐凳两用

▲ 围合看台与运河舞台，通透的造型与环境充分融合

案例分析任务表九

课题：							
项目类型		项目面积		设计师			
项目所在地		年均温		最高温		最低温		年降水	

任务一：解决问题的方案与方法分析

设计理念		设计成果或解决方式
存在问题与挑战		
业主需求		
设计目标		

任务二：植物栽植分析

典型空间	空间边界数量	植物界面的通过性	空间类型	焦点的类型	空间的焦点景物位置	备注：空间的界面按照视线和身体的通过性，可以形成不同的组合关系，如视线上可以通过、视线和身体均无法通过等

思考题：	1.本设计中各个空间之间组织关系是怎样的？ 2.植物栽植有哪些形式？ 3.本设计提供的景观功能有哪些？ 4.如以运河为视线方向，植物在视觉的层次上有几种类型？
印象最深刻	

学习日期：

二、技能训练

找出局部属于包含关系的空间并分析总体的空间组织形式。

1. 波影长廊
2. 草阶看台
3. 运河舞台
4. 弧形观景台
5. 卵石花溪
6. 涟漪草阶
7. 津山远眺
8. 改直取弯雕塑
9. 运河客厅
10. 城市书房
11. 书房码头
12. 铁镬平台
13. 现状马尾松林
14. 现状水杉林
15. WCCO秘书处
16. 景区东入口
17. 凌波桥
18. 儿童活动场
19. 三湾投发公司
20. 潮音广场
21. 古运河
22. 三湾湿地

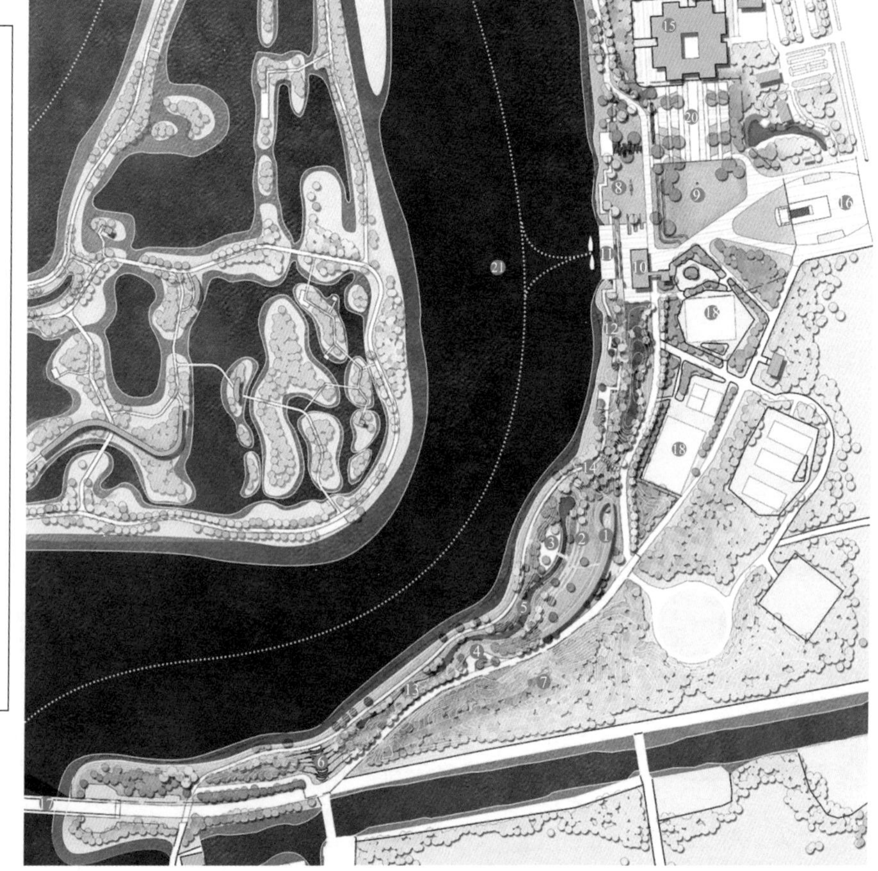

N

0 20 50 100m

▲ 设计总平面图

三、知识提点

知识点1 空间组织

空间有许多不同的组织形式，这种组织形式依赖空间的相对位置，以及彼此间衔接和流通的方式。空间的基本组织形式有三种，这些基本组织形式都可以在景观和建筑中找到，这三种形式也就成为分析和理解复合景观空间的一种手段。

（1）线性组织

线性组织是一系列连续的空间。这是一条单一的行进路线，既可以依次通过每个空间，也可以与空间主线并行而单独访问每个空间。行进次序可能是直的、弯曲或倾斜的、不规则的，但线是完整的，有开始有结束。

▲ 依次穿过各个空间

▲ 主线在空间之外，沿主线可单独进入各个空间

（2）簇状组织

簇状组织通过道路网络联系各个空间。空间彼此之间可以互通，也可以通过主路径联系。

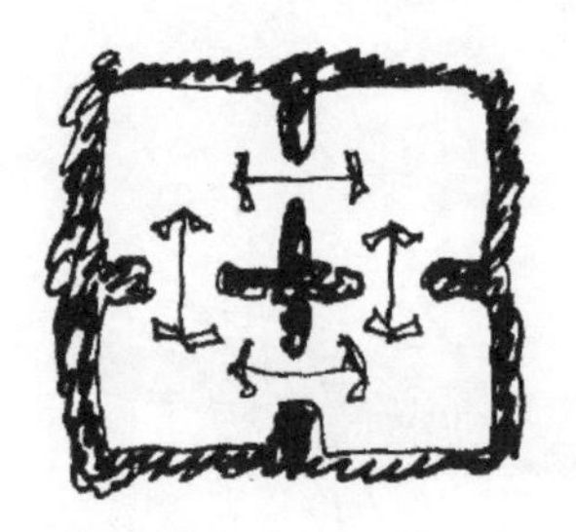

▲ 彼此互通

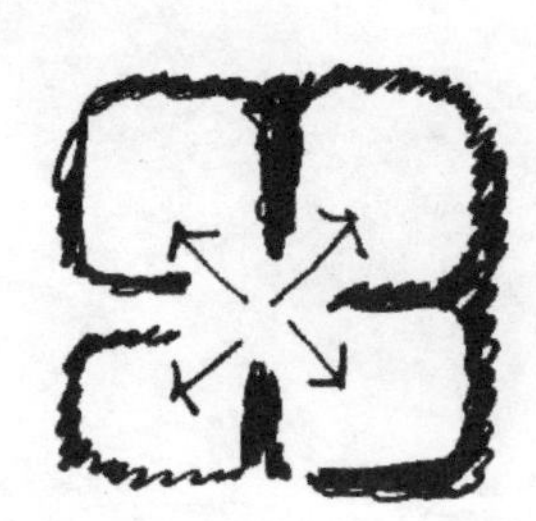

▲ 共用入口

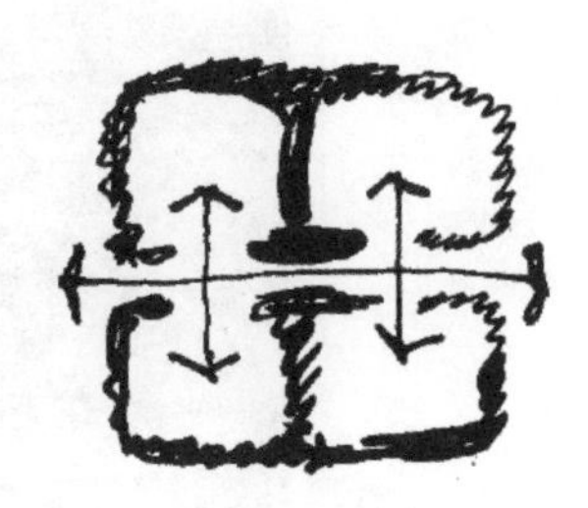

▲ 共用通道

（3）包含组织

一个或多个空间可以包含在一个更大的、全闭合的空间内。

▲ 两层组织

▲ 三层组织

知识点2　空间转换

人们在环境中穿行，无数次地穿过各种边界和各种入口，由于对此非常熟悉，把它们完全看作是理所当然的。例如，在进入自己的空间或花园，然后进入生活的街道或走过一条河上的小桥，进入邻近的地方，其他边界也必然存在。穿过或者进入的体验可以是非常明显的，如发现自己经过一条繁忙的街道而进入一个安静的、封闭的庭院，或者经过森林的掩蔽和黑暗后暴露在洒满阳光的草地上。

一个空间和下一个空间之间的过渡可以采取多种形式，其精确性将在很大程度上影响人们进入空间的体验。过渡的基本形式就是对分割空间的界面的布置。这将确定在穿过边界时，下一个空间有多少是可见的，以及以多快的速度全部展开。

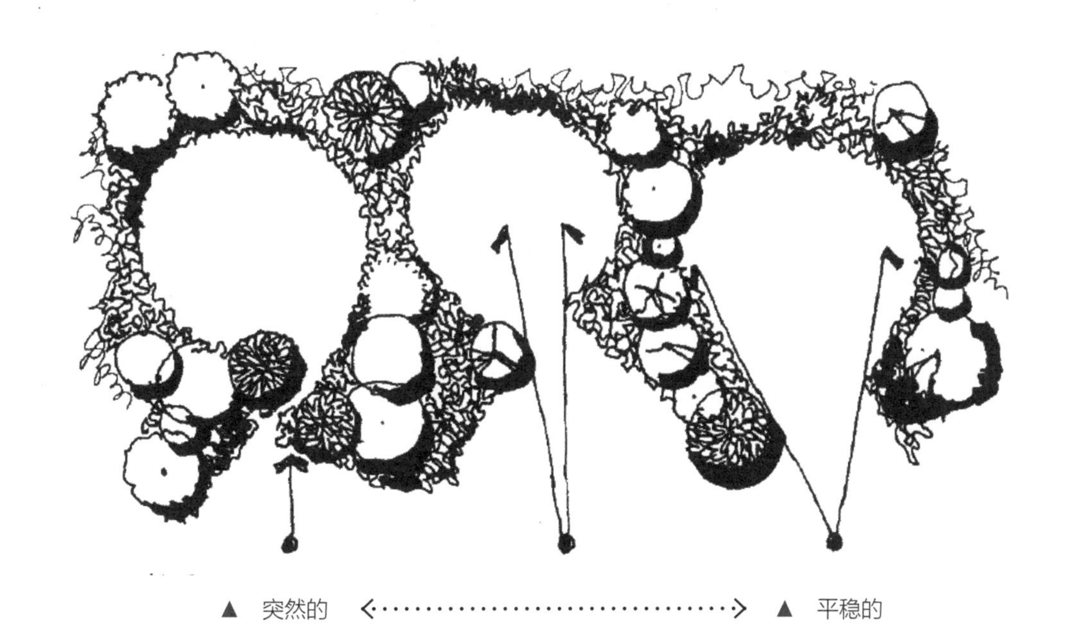

▲ 突然的 <··································> ▲ 平稳的

交叠的围合界面完全隐藏下一个空间，直到越过边界时，主景才会全部揭开，这种过渡非常突然，但这样可以创造悬念和惊喜，因为人们不知道将会发生什么。它提供了未知的领域，引起游客的好奇心，能抓住游客的心理；相反，一个空间可以平稳地过渡，逐渐进入下一个空间，在进入下一个空间之前就可以看见其大部分。这些空间之间的边界只是暗示性的，并没有严格的定义，所以不需要过渡的形式。在这两个极端之间，人们发现各种各样的转换，或多或少地带有突然性，但总体来说，过渡越突然，进入空间的行为就越应该精心设计。

四、扩展阅读：中国大运河

中国大运河是京杭运河、隋唐运河、浙东运河的总称。2014年6月22日，第38届世界遗产大会宣布，中国大运河项目成功入选世界文化遗产名录，成为中国第46个世界遗产项目。

运河在航道运输、农业灌溉中起着极为重要的作用，更是凝结着两千多年中国历史和文化的一个重要载体。沿河众多的历史名城、名胜古迹，拥有着丰富而灿烂的中国传统文化。旅游已成为一项世界性的重要的文化经济活动。

第三章

植物栽植

植物是构成园林景观的重要材料；园林艺术，有时候被称作“用植物作画的”艺术。对于优秀的园林景观设计，几乎每一株植物都是有用的，都发挥着某种特定的功能，植物决定园林空间的感受和时序变化。有时候，植物运用形式的不同，决定着园林风格的不同。本章重点讨论植物在园林景观中的作用和应用形式。

案例十

质朴安静的画境
——亚历山峡谷酒吧和品酒屋

项目信息

设计者：Nelson Byrd Woltz Landscape Architects

项目地点：美国，加利福尼亚

项目分类：公共空间，雨水花园

教学目标

知识目标：① 掌握植物的功能

② 了解雨水花园的基本作用

技能目标：① 识别与区分植物功能的能力

② 具备初步的规则式种植设计的能力

素质目标：① 培养创新设计的能力

② 培养严谨的设计逻辑

一、详述：亚历山峡谷酒吧和品酒屋

本项目是反映和鼓励管理与保护实践的园林建筑学的典型范例。保护自然栖息地、区域植物生态和水资源的目标在整个项目中都得到贯彻。本设计是把已废弃的20世纪20年代的加油站和不透水土地改造成一个关注水文、体现生态的设计，包括一个品酒屋、一个有机花园、一个有机酒厂和蔬菜圃的农场。

本设计采用当代景观建筑学的语言，在这个1英亩（约4000平方米）的品酒屋中，彰显了客户坚守土地管理和生物多样性保护的目标。设计团队与业主和建筑师密切合作，在品酒屋、花园和景观之间创造出视觉上、实体上和空间上的连续性。这些是通过以下手段来实现的：精心选择本地的原生植物和实用功能植物；重新利用拆除过程中在现场发现的现有材料；让雨水管理在组织场地中发挥核心作用；为独立活动和游戏提供机会。在整个场地中，设计聚集了季节性有机食品的生产景观，并照顾到375英亩的有机葡萄园和酿酒厂，那里是种植葡萄和生产葡萄酒的地方。

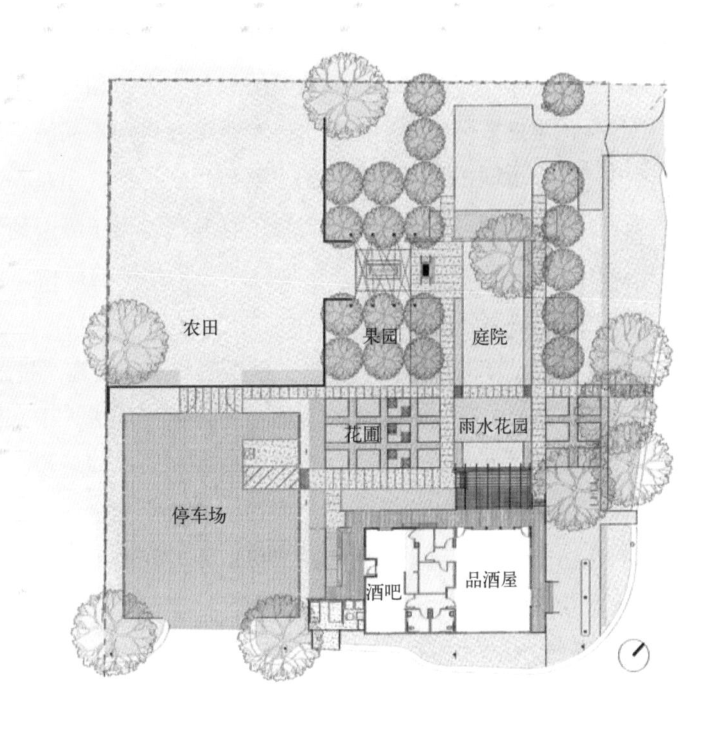

▲　总平面图

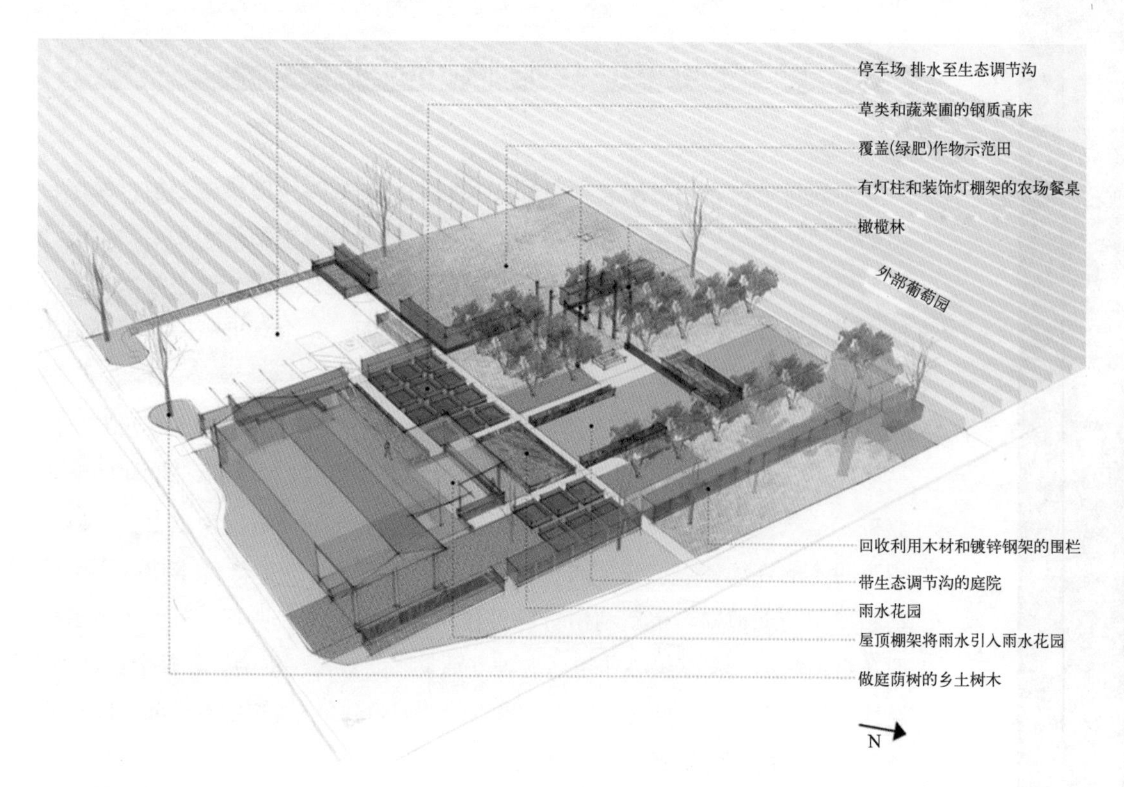

▲ 透视图

在区域原生态的环境中，每一株植物都设计成为公众提供与有机农业实践直接接触的机会。从以前的橄榄园中拯救出20棵老树，造出一片多产的橄榄林。古老的橄榄树形成了规模不同的庭院空间，勾勒出远处葡萄园的风景。香草和蔬菜花坛由镀锌钢床组成，种植有机的应季食品，用来搭配葡萄酒，而水果和香草还可用于品酒屋酒吧的鸡尾酒制作。场地西边的角落里有一小块地，从修剪的一条小路可以到达，这里是季节性的展示覆盖作物的花园，如野胡萝卜花、荞麦、芥末花和向日葵。这些植物用于吸引葡萄园授粉昆虫和其他一些有益的昆虫。在占地1英亩的场地上，草地、石兰和本地的橡树让人联想起出现在农场和保护区中最主要的植被群落。

经过精心设计的排水策略加强了暴雨时的基础设施，是为了应对当地典型的季节性洪灾。细微巧妙的层级处理引导雨水沿着植被覆盖的洼地进入雨水花园，这个花园位于主品酒屋空间的中心位置。乡土的湿地植物自然地渗透和吸收现场积存的雨水，减缓其流入马路边沟和最终流回脆弱的城市河道的速度。屋顶上的雨水通过露台上的棚架来输送，沿着雨水通道进入雨水花园。透水地面（如碎石路）可以为过滤和地下水补给留出空间，并最大限度地缓解市政雨水系统的负担。

特定的场地设施重新诠释了葡萄园的意义。在橄榄林中安置了一个超大的电线杆和电缆网格结构，使人联想到葡萄园网格基础设施——电缆和电线杆的几何结构，掩盖了当地的

▲ 品酒屋入口，从停车场到露台的人行道旁，是蔬菜花坛和钢制花盆栽种的香草，使游客们在行走时沐浴着芳香

▲ 前景是雨水花园和生态湿地，中景是成熟的橄榄树和火塘，远景为葡萄架

▲ 橄榄林中的农场桌、电线杆－电缆网格和火塘

▲ 覆盖作物展示区和桌子边成熟的葡萄园

景观。

品酒屋景观使用的材料同样表达了业主对当地自然系统和资源保护的关注。谨慎的材料选择提示着农庄的品质：镀锌的钢，风化改造木，板状的混凝土，砂砾和风化花岗岩。混凝土和砾石路径为测量可持续管理景观中发生的季节变化提供了基准。现有的红木篱笆在拆毁过程中被特意保留了下来，并重新改造，借助这个复杂的风化装饰，突出场所的标志性历史时期。

▲ 从露台到院子的景色，橄榄林和雨水花园

▲ 在香草和蔬菜花坛花园里有坡度的人行道，沿着凸起的钢制花盆有渗水缝

▲ 中央庭院，周边是生态湿地；前景中是香草和蔬菜花坛的钢制花盆

▲ 坐落在香草和蔬菜花坛与主庭院交会处的雨水花园，里面种着本地的湿地物种，处于整个景观的中心地带

▲ 板状混凝土座椅组成的墙充当了主庭院的后部。背景中的外围护栏板是由改造的木材与镀锌的钢结构组合形成的

▲ 通过大门看到的人行道，两边是凸起的钢制花盆；道路上铺着沥青，以便把水排到雨水花园

▲ 多产的橄榄林和地面上的本地草丛在太阳下提供了一个巨大的树荫

▲ 香草和蔬菜花坛里的钢制花盆；背景是橄榄林

▲ 农场的桌上有9ft（1ft = 0.30m，下同）长的凹槽，夏天用来放置冰冻的葡萄酒

▲ 在电线杆和电缆底下，一个参考了兰特别墅设计而定制的12in（1in = 2.54cm）长的木质农场桌，桌子中间带有一个长长的镀锌钢槽，夏季用于放置冰冻的白葡萄酒

案例分析任务表十

<table>
<tr><td colspan="10">课题：</td></tr>
<tr><td>项目类型</td><td></td><td>项目面积</td><td></td><td>设计师</td><td colspan="5"></td></tr>
<tr><td>项目所在地</td><td></td><td>年均温</td><td></td><td>最高温</td><td></td><td>最低温</td><td></td><td>年降水</td><td></td></tr>
<tr><td colspan="10">任务一：解决问题的方案与方法分析</td></tr>
<tr><td>设计理念</td><td colspan="4"></td><td colspan="5">设计成果或解决方式</td></tr>
<tr><td rowspan="3">存在问题
与挑战</td><td colspan="4"></td><td colspan="5"></td></tr>
<tr><td colspan="4"></td><td colspan="5"></td></tr>
<tr><td colspan="4"></td><td colspan="5"></td></tr>
<tr><td rowspan="2">业主需求</td><td colspan="4"></td><td colspan="5"></td></tr>
<tr><td colspan="4"></td><td colspan="5"></td></tr>
<tr><td rowspan="2">设计目标</td><td colspan="4"></td><td colspan="5"></td></tr>
<tr><td colspan="4"></td><td colspan="5"></td></tr>
<tr><td colspan="10">任务二：空间（场地或者功能区）结构分析</td></tr>
<tr><td>典型植物</td><td>建造功能</td><td>观赏功能</td><td>环境功能</td><td>是否为焦点景物</td><td>背景植物</td><td colspan="4" rowspan="5">备注：
植物的功能包括建造功能、观赏功能、环境功能</td></tr>
<tr><td></td><td></td><td></td><td></td><td></td><td></td></tr>
<tr><td></td><td></td><td></td><td></td><td></td><td></td></tr>
<tr><td></td><td></td><td></td><td></td><td></td><td></td></tr>
<tr><td></td><td></td><td></td><td></td><td></td><td></td></tr>
<tr><td>思考题</td><td colspan="9">1. 本设计中各个空间之间组织关系是怎样的？　2. 分析植物形成的几个典型边界的通过性。
3. 本设计提供的景观功能有哪些？　4. 列举说明设计师进行生态设计的内容。　5. 设计师创造视觉连续性的途径有哪些？</td></tr>
<tr><td rowspan="2">印象最深刻</td><td colspan="9"></td></tr>
<tr><td colspan="9"></td></tr>
</table>

学习日期：

二、技能训练

① 尝试使用符号表达功能区及交通、排水关系。

细实线：表示功能区。

不同颜色的间断线+箭头：表示通行关系和视线关系。

星号：表示焦点景物。

② 分析下图中几株大树及列植树木的景观作用。

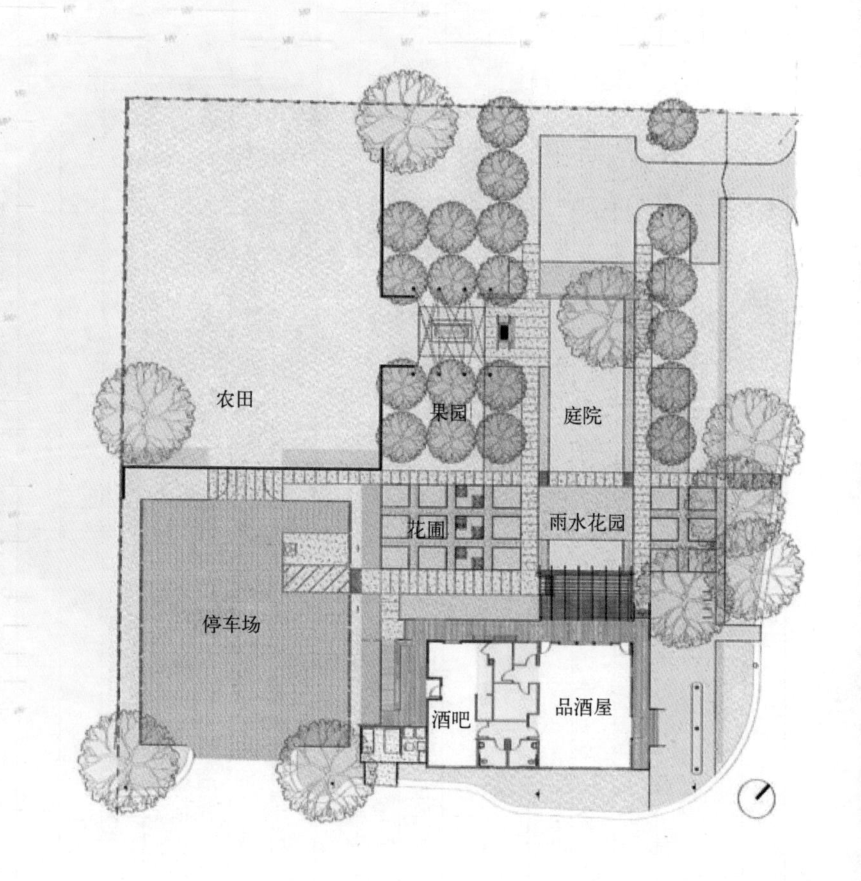

▲ 总平面图

三、知识提点

知识点1　植物在景观中的功能作用

植物在景观中发挥多种作用，主要表现为构成室外空间、遮挡不利景观的物体、护坡、导向功能、统一建筑物的观赏效果，以及调节光照、风速等。无论孤植还是群植，植物有的时候发挥上述一种功能，有的时候发挥几种功能。在任何一项设计中，植物除上述功能外，还能解决许多环境问题，如净化空气、保持水土、涵养水源、调节气温为鸟兽提供巢穴等。一般而言，植物在景观中能发挥三种功能：建造功能、环境功能、观赏功能。

所谓建造功能，是指植物能在景观中充当类似于建筑物的天花板、墙壁、地面等限制和组织空间的功能，这些植物影响和改变着人们视线的方向。在涉及植物的建造功能时，植物的大小、形态、叶幕的封闭性和通透性是重要的因素。环境功能是指，植物能影响空气的质量，防治水土流失、涵养水源，调节气候。观赏功能即是因植物的大小、形态、色彩和质地等特征，而充当景观中的焦点景物或者背景。

知识点2　雨水花园

雨水花园是自然形成的或人工挖掘的浅凹绿地，被用于汇聚并吸收来自屋顶或地面的雨水，通过植物、沙土的综合作用使雨水得到净化，并使之逐渐渗入土壤，涵养地下水，或使之补给景观用水、厕所用水等城市用水，是一种生态可持续的雨洪控制与雨水利用设施。

由内而外一般为砾石层、砂层、种植土壤层、覆盖层和蓄水层。

同时设有穿孔管收集雨水，设有溢流管以排除超过设计蓄水量的积水。

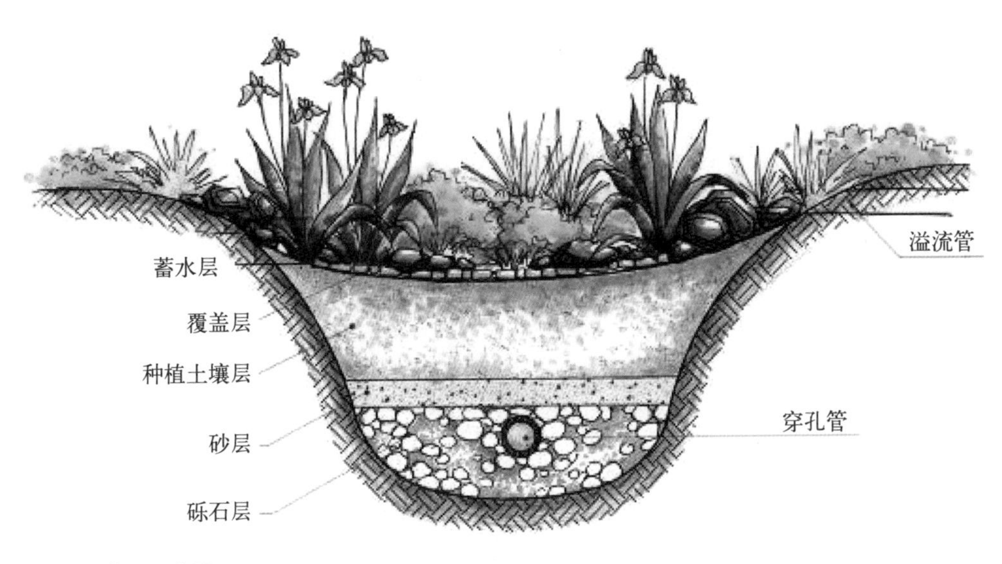

▲　雨水花园示意图

雨水花园除了能够有效地进行雨水渗透（能减少地表径流70% ～ 80%）外，还具有多方面的功能：

① 能够有效去除径流中的悬浮颗粒、有机污染物以及重金属离子、病原体等有害物质；

② 通过合理的植物配置，雨水花园能够为昆虫与鸟类提供良好的栖息环境；

③ 雨水花园中通过其植物的蒸腾作用可以调节环境中空气的湿度与温度，改善小气候环境；

④ 雨水花园的建造成本较低，且维护与管理比草坪简单；

⑤ 与传统的草坪景观相比，雨水花园能够给人以新的景观感知与视觉感受。

知识点3　香草植物

指一切具有特殊香气、口感的草本植物，大多起源于地中海沿岸，分为一年生和多年生两种。由于香草植物内含醇、酮、酯、醚类芳香化合物，因此枝叶会发出怡人的香气，其根、茎、叶、花、果实及种子可供人类使用。香草植物的英文为herbs plants，herbs源自拉丁文"绿色的草"之意，"绿色的草"也是一种药用植物，后渐渐成为对人类生活有帮助的草本类植物总称。香草植物依成分可细分为香味料类、辛味料类、酸味料类、什味料类、苦味料类、盐味料类、香原料类、药用类、去味料类及染料类十类，一般推广的欧洲香草植物仅为香味料类香草植物。

在欧美地区，香草的运用就像中国厨房里必不可少的葱、姜、蒜，用于调理菜肴。在我国香草植物也有一些传统的食用方法，可以作为主料入菜，比如芝麻菜、蒲公英、龙蒿、薄荷；也可泡茶饮用，如清凉醒神的薄荷茶、清爽芳香的柠檬草茶等。

在园林中可以用一种或几种芳香植物构成一个相对独立的景观，发挥出芳香植物的特色。留园的"闻木樨香轩"就是一个很典型的例子，用的是桂花这个常见的芳香树木，金秋时节，明月当空，桂花满树，芳香四溢，来此轩中可闻香赏月。

此外，还可以利用香草植物发展休闲观光农场，制作香草盆景和香草花叶茶，提取香草精油，加工香草工艺品等。

四、扩展阅读：让农业生产成为更美的大地景观

萌芽、展叶、开花、结果，作物中蕴藏生命的律动；春耕夏耘、秋收冬藏，雨水滋润、阳光普照，劳动中对应时间的节奏。大地之上、山水之间，时序的变化、植物的生长、人类的劳作，因农业生产成为统一的整体，相互影响，共存共生。无论是一眼千里的沃野，还是依山就势的梯田，或者是绚烂的花海、涌动的麦浪，既呈现丰盈的自然之美，也展现浓郁的人文之美。

在这样的景观之中，人们最容易读出文化、读出情感，最容易感受到人与自然的和谐。人们依存于大地，在此劳作、在此休憩，创造了这片风景，也属于这片风景。天戴其苍，地履其黄，山水、田畴、物候，清风、土地、阳光，共同形成一种和谐、平衡的生态审美系统。大地景观，因而有了强烈的“人文性”。“望得见山、看得见水、记得住乡愁”，这正是每个人都能触及的一种乡愁。

农业生产成为更美的大地景观，需要在多样中展现和谐。农田、林木、水塘、草地、山坡有机融合，农舍、村庄、道路、停车场合理规划，轮作、混种、套种、间种，耕作系统维持平衡，引入生态观念，植入景观方法，大地景观将更丰富、更多彩，从而实现经济、生态、文化、社会等多重价值。

案例十一

植物景观作用的教科书——沃克艺术中心 Wurtele 高地花园

项目信息

设计者：HGAInside Outside

项目地点：美国，明尼阿波里斯

项目分类：文化建筑，庭院

教学目标

知识目标：① 掌握植物美学特征的构成

② 掌握植物的指示作用

技能目标：① 能够识别与区分美学要素

② 具有分析植物在空间营造和美学观赏方面价值的能力

素质目标：① 培养创新设计的素养

② 培养严谨的设计逻辑

一、详述：沃克艺术中心 Wurtele 高地花园

沃克艺术中心是美国顶尖的当代艺术机构之一。作为重新定义博物馆主入口的宏大目标的一部分，新的Wurtele高地花园加强了艺术中心与明尼阿波里斯雕塑花园的连接，并创建了一个更加富有凝聚力的沃克艺术中心园区。绿植密布的建筑与连接它们的环形步道增强了入口路径的欢迎氛围，同时为参与艺术互动提供了动态体验。经过重新设计的花园还增设了一系列灵活的即兴空间，可用于举办大规模的公共活动。新的花园使沃克艺术中心作为艺术和社交枢纽的地位得到进一步巩固。

1. 背景

沃克园区坐落在明尼阿波里斯市中心外围的一处斜坡上，与城市里最负盛名的公园和湖泊系统直接相连。沃克艺术中心容纳了众多具有挑战性的多样化项目，着重关注于视觉、表演和媒体艺术。

园区内目前已有Edward Larrabee Barnes（1971年）和Herzog & de Meuron（2005年）等事务所设计的建筑杰作，由Edward Larrabee Barnes（1999年）和Michael van Valkenburg（1992年）设计的明尼阿波里斯雕塑花园（MSG），以及由Michel Desvigne（2005年）设计的广场，凭借这些作品，沃克园区为艺术的呈现提供了多学科和多样化的方法。不过，Herzog & de Meuron的扩建项目使得主入口从雕塑花园被移动到Hennepin大道，这使得园区的辨识度和交通流线变得不甚明确。此外，艺术中心还缺乏一个足够吸引人的、能够将独特的建筑与标志性的景观统一起来的公共空间。

2. 项目任务

在Guthrie剧院于2006年重建之后，与沃克园区相邻的6英亩坡地被遗留下来，且未能发挥出从视觉上与建筑相统一的潜力。该项目的重点是将Wurtele高地花园融入沃克艺术中心19英亩的场地以及明尼阿波里斯雕塑花园。景观设计的目标是通过新的入口建筑来建立清晰的交通流线和视觉体验。

3. 设计方案

景观设计师和建筑师希望通过共同合作来为园区创造新的愿景。花园内新增加的建筑旨在为游客营造更加友好和热情的入园氛围。作为如今园区内的核心地带，这座新增加的场馆使博物馆的身份感和存在感得到了明显的增强。更新后的花园由12个不同的植被体块组成，包含大量的灌木、观赏草类以及坐落着优美雕塑的几何景观草坪。

4. 设计细节

体块1位于Vineland Place和Hennepin大道的拐角处，是一个种满欧洲红

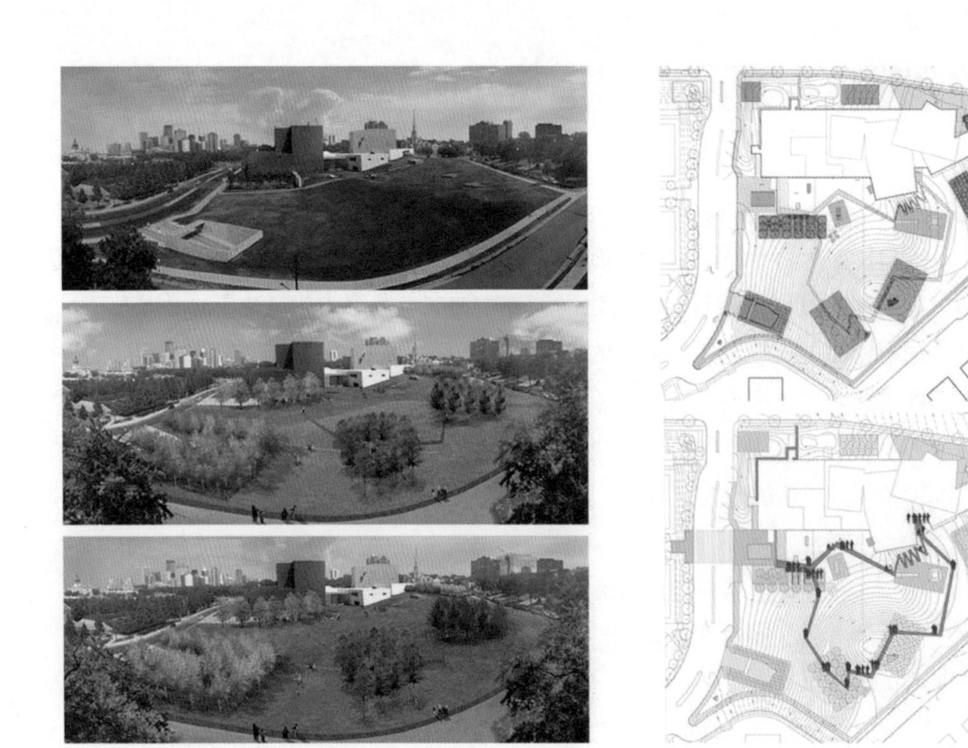

▲ 设计透视图和场地平面图：Wurtele高地花园使停车场上方遗留下来的倾斜草坪得到了改善。新的设计包括12个植被体块，它们会随着季节不断变化，并通过环形步道相互连接

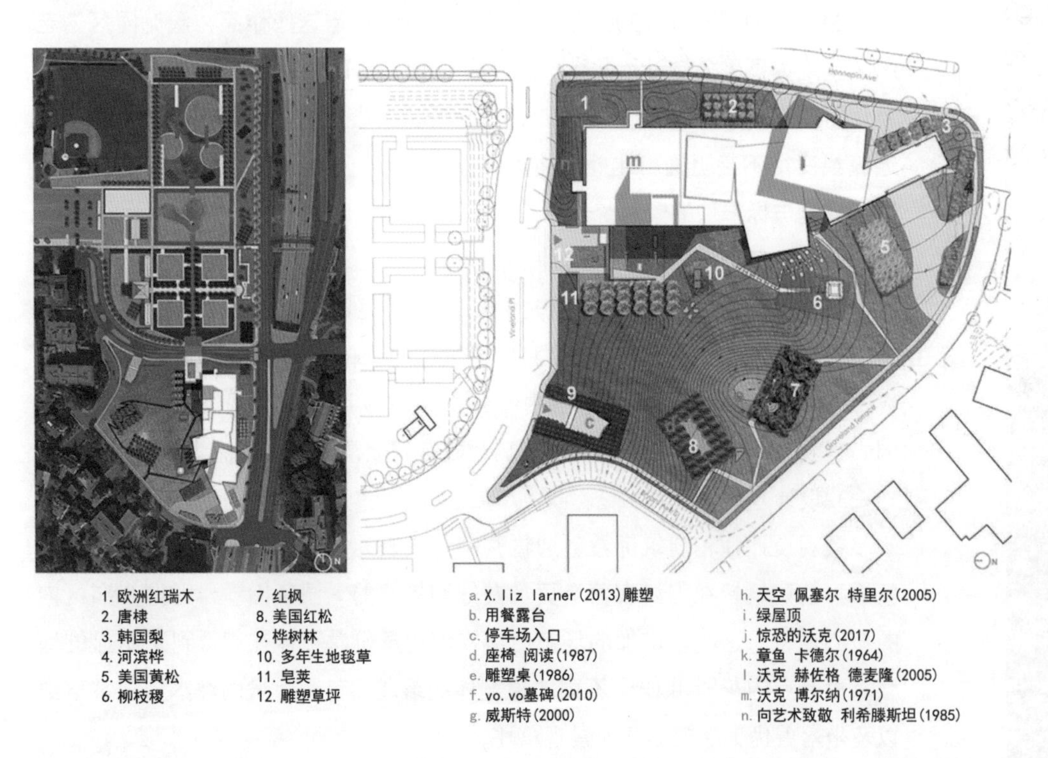

▲ 场地平面图：6英亩的Wurtele高地花园被融入沃克艺术中心19英亩的场地当中。花园中包含12个不同的植被体块、沿Hennepin大道分布的迎宾景观、餐厅庭院、9处标志性的室外雕塑、绿色屋顶以及多样化的户外功能空间

瑞木的方形网格状场地，与雕塑花园一侧的街道共同构成通往园区的新路径。

体块2的特色是一片唐棣树林，在不同季节展示出不同的美景；体块3种植着韩国梨，同时设有带座位的混凝土花池和檀木长椅。细密的俄罗斯鼠尾草为背景处形态简洁的白色建筑提供了肌理和色彩上的对比。

体块4的桦树林形成了一个隐蔽的屏墙，遮挡了来自Groveland平台周边服务区的视线。单树干的树木被布置在边长为5ft（1ft＝0.30m，下同）的网格上，呈现出森林般的边界。由宾夕法尼亚莎草构成的柔软地毯成为该体块的林下植被。

体块5位于服务区域的北侧，带来由黄松构成的屏障。这种植物能够在全年呈现出美丽的色彩和纹理，即使在冬季也能带来绿意。林地花卉和蓝莓在由松针铺成的“地毯”间茁壮生长。

体块6种植着柳枝稷。在整个场地中，既有雕塑和新雕塑的选址及布局均经过精心策划，以带来最佳的观展体验。精心挑选的植物材料能够很好地适应北方气候的变化。

体块7种植着华丽的红枫树，它位于一个14ft高的人造土丘之上，其下方容纳着停车场空间。这块新的场地为人们带来了明尼阿波里斯市中心天际线的视野，同时还为一年一度的摇滚花园音乐节提供了座位和场地。

体块8种植着代表明尼苏达州的红松树，这里摆放着由Akagawa设计的雕塑《花园座位》，从这里可以望见雕塑花园、大教堂以及明尼阿波里斯的城市天际线。

体块9是一片围绕着混凝土车库入口分布的桦树林，不仅看上去充满生机，而且将入口的位置凸显出来。寻路标识将两个入口点清晰地连接起来。

▲ 体块2和3街景：唐棣树、韩国梨和俄罗斯鼠尾草共同为位于Hennepin主干道的入口赋予了生机。更加人性化的城市环境向路人展示出友好的姿态

◀ 体块6种植着柳枝稷

▲ 季节印象：体块6的柳枝稷为建筑棱角分明的形态提供了柔软的地毯，并在秋天带来不一样的生机

▲ 华丽的美国红枫

▲ 导向系统：该设计旨在提高园区关键区域、交通路径以及导向系统的辨识度和清晰度

◀ 体块9近景：纸桦树林围绕着混凝土车库入口分布

体块10以创造性的方式将停车场的减压通风口隐藏起来。大规模种植的本地耐旱多年生植物和矮灌木带来了随四季变化的色彩及纹理。

曲折而倾斜的深色混凝土步道将不同的体块连接起来，使游客得以在花园中一边漫步一边欣赏植物和艺术品，同时享受新建成的雕塑花园和远处的城市美景。

沿着楼梯或曲折的步道向下走，游客将到达Esker Grove餐厅外部的庭院空间。在这里，皂荚树的茂密树冠为体块11赋予了特征。游客们可以坐在树荫下用餐、欣赏植物和艺术品。黑色的混凝土座位墙定义了庭院空间的边界。

体块12是一片位于白色混凝土广场内的有着清晰几何形状的草坪，其中摆放着Larner的雕塑作品《X》。该空间可以直接通向入口或街道对面新建的雕塑花园，与Wurtele高地花园同时成为沃克艺术中心的一个全新、清晰而大胆的标志。

▲ 入口和体块12：原本缺乏公共空间的沃克园区如今拥有了独特而统一的建筑和景观。体块11的皂荚树为餐厅庭院带来荫蔽，为体块12的雕刻草坪带来充满活力的入口体验

▲ 巧妙的呈现：交通路径能够连接位于不同高度的所有出入口，并为游客提供歇息和欣赏艺术品的场所

▲ 环形步道：曲折的深色混凝土步道为游客提供了一条方便的路线，使其可以自如地探索和欣赏花园、艺术品、新建成的雕塑花园以及城市的美景

▲ 功能空间：沃克园区的多样化活动需要各种不同的景观空间来满足，包括教育活动、音乐节、电影节、艺术表演、户外野餐和雕塑展示等。景观设计具有很强的适应性，能够容纳1人到几千人不等的主动和被动活动

▲ 目的地：标志性的明尼阿波里斯雕塑花园与新的Wurtele高地花园形成连接，为当地居民、游客和各年龄段的参观者提供了一个“双子城市”。在2017年的摇滚花园音乐节上，倾斜的草坪上汇聚了超过11000名观众

案例分析任务表十一

<table>
<tr><td colspan="10">课题:</td></tr>
<tr><td>项目类型</td><td></td><td>项目面积</td><td></td><td>设计师</td><td colspan="5"></td></tr>
<tr><td>项目所在地</td><td></td><td>年均温度</td><td></td><td>最高温度</td><td></td><td>最低温度</td><td></td><td>年降水量</td><td></td></tr>
<tr><td colspan="10">任务一：解决问题的方案与方法分析</td></tr>
<tr><td>设计理念</td><td colspan="4"></td><td colspan="5">设计成果或解决方式</td></tr>
<tr><td rowspan="3">存在问题
与挑战</td><td colspan="4"></td><td colspan="5"></td></tr>
<tr><td colspan="4"></td><td colspan="5"></td></tr>
<tr><td colspan="4"></td><td colspan="5"></td></tr>
<tr><td rowspan="2">业主需求</td><td colspan="4"></td><td colspan="5"></td></tr>
<tr><td colspan="4"></td><td colspan="5"></td></tr>
<tr><td rowspan="2">设计目标</td><td colspan="4"></td><td colspan="5"></td></tr>
<tr><td colspan="4"></td><td colspan="5"></td></tr>
<tr><td colspan="10">任务二：植物栽植分析</td></tr>
<tr><td>典型植物</td><td>植物数量</td><td>配置形式</td><td>观赏特性</td><td>美学功能</td><td colspan="5" rowspan="5">备注：
1. 观赏特性包括大小、形态、色彩、质地
2. 美学功能包括完善作用、统一作用、识别作用、强调作用、软化作用、框景作用</td></tr>
<tr><td></td><td></td><td></td><td></td><td></td></tr>
<tr><td></td><td></td><td></td><td></td><td></td></tr>
<tr><td></td><td></td><td></td><td></td><td></td></tr>
<tr><td></td><td></td><td></td><td></td><td></td></tr>
<tr><td>思考题：</td><td colspan="9">1. 本设计中各个矩形斑块的组织关系是怎样的？ 2. 本设计中植物设计的栽植形式有哪些？
3. 本设计提供的景观功能有哪些？</td></tr>
<tr><td rowspan="2">印象最深刻</td><td colspan="9"></td></tr>
<tr><td colspan="9"></td></tr>
</table>

学习日期：

二、技能训练

分析各个种植斑块的季相变化和最佳观赏季节，以及各个斑块的美学作用。

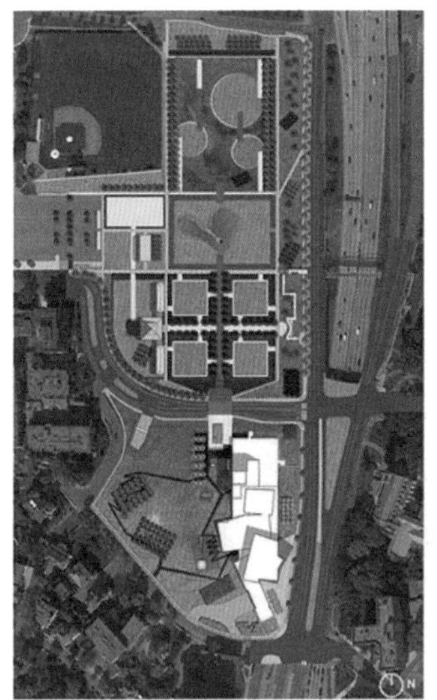

1. 欧洲红瑞木
2. 唐棣
3. 韩国梨
4. 河滨桦
5. 美国黄松
6. 柳枝稷
7. 红枫
8. 美国红松
9. 桦树林
10. 多年生地毯草
11. 皂荚
12. 雕塑草坪

a. X. liz larner(2013)雕塑
b. 用餐露台
c. 停车场入口
d. 座椅 阅读(1987)
e. 雕塑桌(1986)
f. vo. vo墓碑(2010)
g. 威斯特(2000)
h. 天空 佩塞尔 特里尔(2005)
i. 绿屋顶
j. 惊恐的沃克(2017)
k. 章鱼 卡德尔(1964)
l. 沃克 赫佐格 德麦隆(2005)
m. 沃克 博尔纳(1971)
n. 向艺术致敬 利希滕斯坦(1985)

斑块	1	2	3	4	5	6	7	8	9	10	11	12

▲ 场地平面图与斑块分析

三、知识提点

知识点1　植物的观赏特性

植物的大小、色彩、形态、质地以及总体布局和周围环境的关系等，都能影响设计的观赏特性。植物种植设计的观赏特征是非常重要的，这是因为任何一个观赏者的第一印象便是对其外貌的反应。

植物的大小是其非常重要的观赏特性之一。它直接影响着空间的范围、结构关系以及设计的构思与布局。

植物的外形是指植物从整体形态与生长习性来考虑的大致外部轮廓。虽然其观赏特征不如其大小特征明显，但是它在植物的构图和布局上影响着统一性和多样性。

植物的色彩可以看作情感的象征，影响着室外空间的气氛和情感。植物配置的色彩组合应与其他观赏特性相协调，植物的色彩运用应突出植物的尺度和形态。

植物的质地是指单株植物或者群体植物直观上呈现的粗糙感和光滑感，分为粗壮型、中粗型、细小型。设计中应均衡地使用三种类型，才能使设计令人悦目。

知识点2　植物的美学功能

按照布思的说法，植物的美学功能包括如下几个方面。

① 完善作用：植物通过重现房屋的形状和块面的方式，或通过将房屋轮廓线延伸至其相邻环境中的方式，而完善某项设计的作用。

② 统一作用：就是植物充当一条导线，将环境中所有不同的成分从视觉上连接在一起，避免视觉上凌乱的作用。

▲　植物与建筑互补，植物延长建筑的轮廓线

▲　无树木的街景杂乱无章，整体性差

▲ 有树木的街景，树木的共同性将街景统一

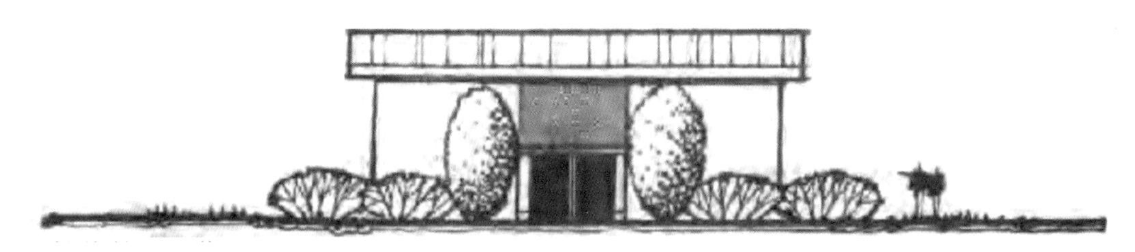

▲ 植物的强调作用

▲ 植物的识别作用

③ 强调作用：就是植物通过其大小、形态、色彩或质地，突出或强调某些特殊景物的作用。

④ 识别作用：植物可以指出或认识一个空间或者某景物的重要性和位置，使空间或景物更显而易见，具有更易被识别和辨明的作用。

⑤ 软化作用：植物在户外空间中用于软化或减弱形态粗陋及僵硬的构筑物，具有使空间更为柔和的作用。

⑥ 框景作用：植物以其大量的叶片、枝干封闭了景物两旁，为景物本身提供开阔的、无阻碍的视野，从而具有将观赏者的注意力集中到景物上的作用。

▲ 植物的框景作用

知识点3 群植与林植

（1）群植

由二三十株以上至数百株的乔木、灌木成群成片种植，树群可由单一树种组成或数个树种组成。可以根据植物群落结构的组成原则来搭配植物，确定植物种类的数量。群植在构图上，无论是从林冠的天际线，还是林缘的垂直林相，或是一年四季的季相上，都形成丰富的效果。

（2）林植

成片、成块地大量栽植乔、灌木称为林植，构成林地或森林景观的称为风景林或树林。林植多用于风景区、森林公园、疗养院、大型公园安静区、卫生防护林等，有自然式林带、密林、疏林等形式。

四、扩展阅读：传统文化中的草木之美

植物之美，不仅仅体现在视觉上，更体现在文化上。合欢因其独特的生长特点和药用价值，被赋予了丰富的文化内涵，有着象征夫妻情深的美好寓意。茉莉因其独特的香气和观赏价值，被广泛应用于中国烹饪和西方文学艺术中。悬铃木因其适应性强和绿化作用，成为城市中的常见树种。

大地上的各类植物，在古人眼里一直具有特别的诗意。《诗经》《楚辞》都已经显露着先人感知世界的特点。借自然风貌抒发内心之感，是审美中常见的事。但中国人之咏物、言志，逃逸现实的冲动也是有的。六朝人对于本草之学的认识已经成熟，阮籍、嵇康、陶渊明的文字，出离俗言的漫游，精神已经回旋于广袤的天地了。《古诗源》所载咏物之诗，散出的是山林的真气。

唐宋之人继承了六朝人的余绪，诗话间已有林间杂味。苏轼写诗作文，有“随物赋形”之说，他写山石、竹木、水草，“合于天造，厌于人意”，就将审美推向了高妙之所。所以，这是古代审美的一条野径，那气味的鲜美，提升了诗文的品位。

案例十二

传统栽植形式的新篇章——横滨 HAMMERHEAD 庭院景观

• 项目信息

设计者：株式会社户田芳树风景计画

项目地点：日本，横滨

项目分类：日式园林，庭院

• 教学目标

知识目标：① 掌握植物栽植的形式

② 初步掌握几种日式添景型役木的使用方法

技能目标：① 具备根据功能需求配置植物的能力

② 熟练掌握三株植物配置及日式飞石平面形式

素质目标：① 认可终身学习的理念

② 培养严谨的设计逻辑

一、详述：横滨HAMMERHEAD码头酒店中庭景观

“横滨港未来21”位于新港地区，是横滨市政府与当地企业主导、政府与民间合作建成的客运码头，于2019年10月对外开放。该项目地理位置优越，三面环海，是集CIQ（海关、出入境审查、检验检疫）、商业、酒店多功能于一体的综合型设施。项目东侧的8号码头经过改建，沿着海岸线打造出舒心的散步道。设计师从码头（水平线）与塔吊（垂直线）获得灵感，设计连续立柱与行道树组成的水平、垂直线条作为景观轴线，尝试营造观赏草随海风摇曳的美丽风景。

◀ 沿海散步道

◀ 连续的立柱和行道树

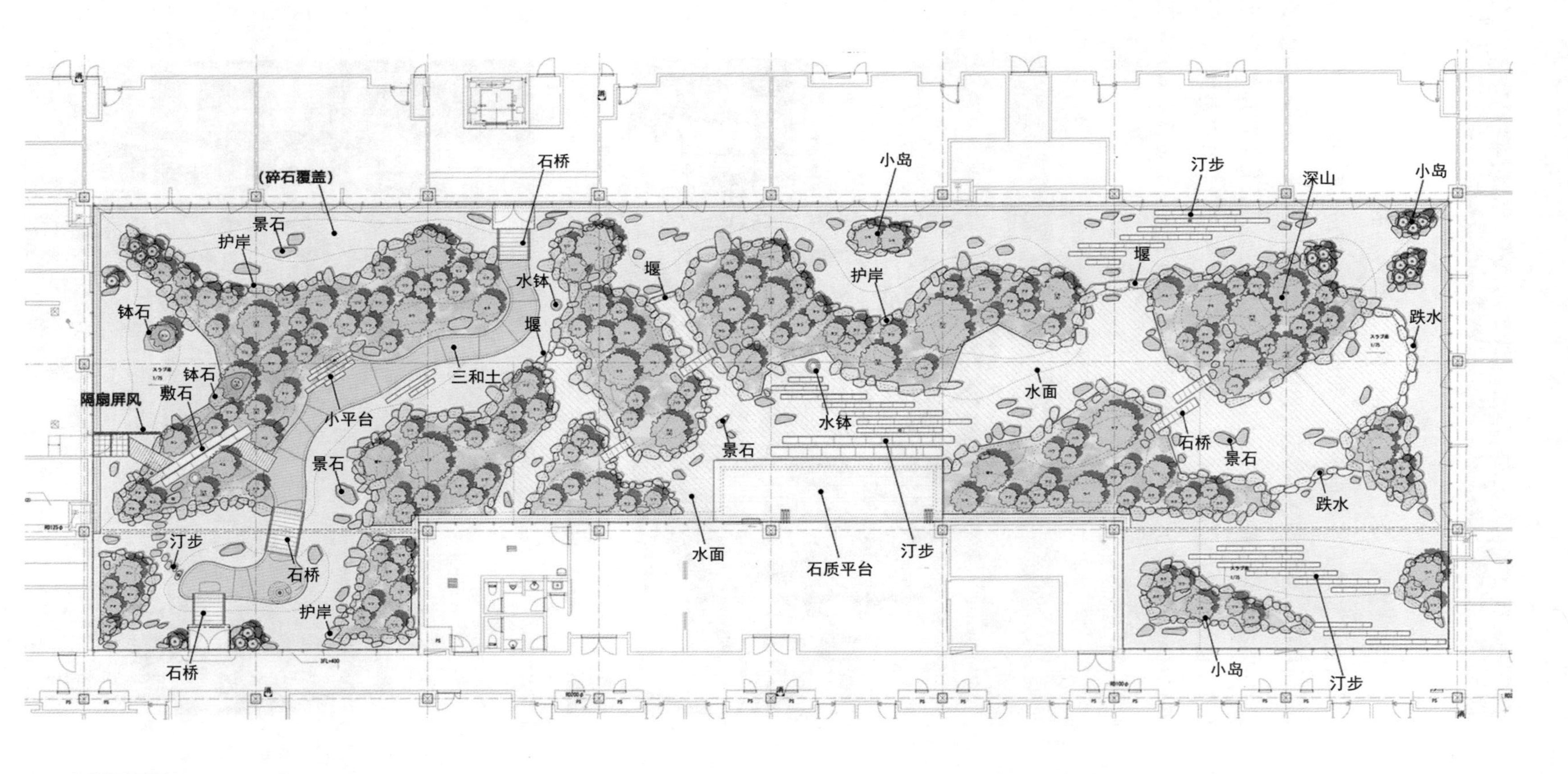

石桥
(碎石覆盖)
景石
护岸
钵石
钵石
敷石
隔扇屏风
水钵
堰
三和土
小平台
景石
堰
小岛
护岸
水钵
景石
汀步
堰
深山
小岛
跌水
水面
石桥
景石
跌水
汀步
石桥
护岸
石桥
水面
石质平台
汀步
小岛
汀步

▲ 庭院平面图

3～5层是“横滨码头8洲际酒店”，其四周设置客房，平面呈口字形。口字中央的中庭是仅供酒店客人使用的特别空间，无法从外部窥视。设计时遇到许多问题，比如，如何使客人们不期而遇，如何吸引人们前往中庭，如何控制房间的私密性，如何展现地域风格等。严苛的荷载限制也会引起覆土过薄的保水排水问题。

为使其体现典型的地域特色，中庭表达日本园林清纯、自然的风格，于“自然之中见人工”，着重体现和象征自然界的景观，避免人工斧凿的痕迹，创造出一种简朴、清宁的致美境界。在表现自然时，以“岛屿庭院”为理念，注重对自然的提炼、浓缩，并创造出能使人入静入定、超凡脱俗的心灵感受，从而使庭院具有耐看、耐品、值得细细体会的精巧细腻、含而不露的特色；表达突出的象征性，从而引发观赏者对人生的思索和领悟。展现日本园林的精彩之处，小巧而精致，枯寂而玄妙，抽象而深邃。

▲ 客房围合的“岛屿庭院”

▲ 连接室内与庭院的平台

▲ 不同的材料和植被

▲ 小径与丰富的植被

设计时将中庭寓意为大海，在中庭分散设置数个象征日本风景的大小不一的“小岛”，设计手法上采用日本缩景的盆栽形式。不规则重叠的岛屿配置与起伏的地形、石组演绎了富有景深感和层次感的日式格调，也含蓄地遮挡了看向客房的视线。其中的石组，有景石，有役石，景石多为鹤龟石组，表达长寿之意；役石则添加在灯笼、手水钵、跌水旁，作为主体元素的添景，具有观赏和实用价值。

水元素的设计也值得一提。户田芳树团队没有采用户田先生一贯的表现手法，而采用倒影的形式表现如画的般景观效果，在庭院中未直接设置水景，利用材料及设备展现充满水的润泽感的空间氛围。借助用于浇灌的滴管、喷灌喷头、冷雾装置，将入户通道、枝叶、花朵打湿，使住客在枯山水空间里也能感受到充分的润泽。这种润泽感也是表现日本岛屿风景中的重要一环。

▲ 石桥与蜿蜒的石板路

▲ 石板路旁设置矮灯

▲ 细部设计

设计师细心地处理了与飞石连接的铺石路——延段部分。延段可以看作是协调景趣的一种处理手法，没有明显的石间距，而只是注意保持石与石之间的接缝距离。为丰富庭园的游赏趣味，设计了较为丰富的组合形式，式样上借鉴书法中真行草的概念，延段一般分为三种类型，即真延段、行延段、草延段。

▲ 从室内公共空间欣赏庭院景观

▲ 从客房看向庭院

▲ 庭院夜景

▲ 庭院内的灯光设计

为充分体现庭院的季节感，设计使用了大量开花及观果植物，同时又注意色彩的统一感，以绿色作为庭院色彩的主色调，仅少量地运用了大体量的红色和粉色，做到色彩上既统一又富于变化。园林中使用修剪定型植物是日本园林的一大特色，设计中不仅考虑植物的形状、体量，更着重分析了对庭院使用者视线的控制，保证近距离庭院使用者和室内使用者的私密性。

施设

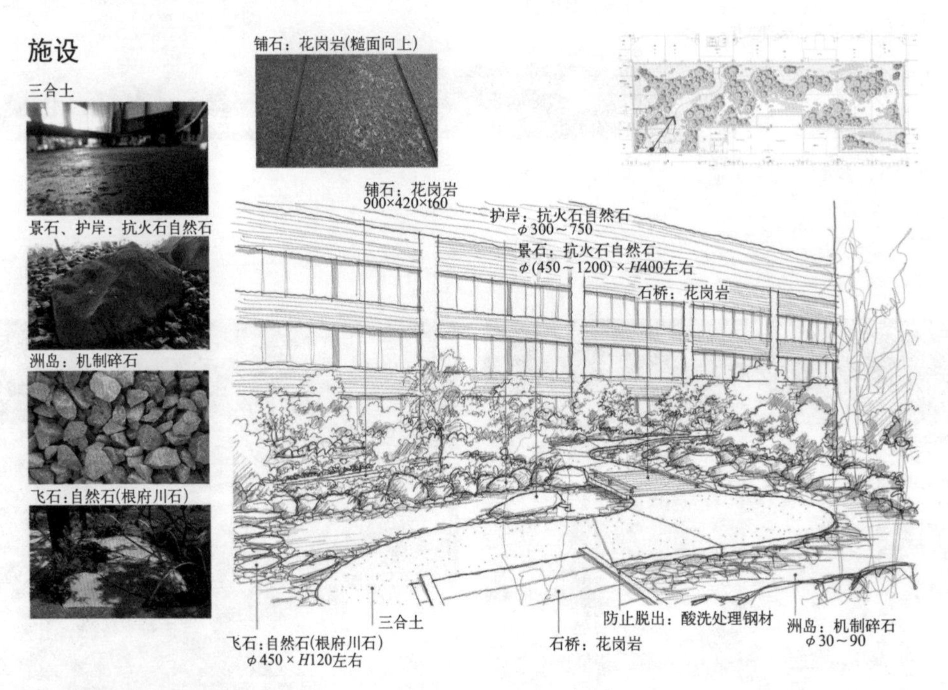

▲ 庭院内的材料分析（单位：mm）

植物栽植

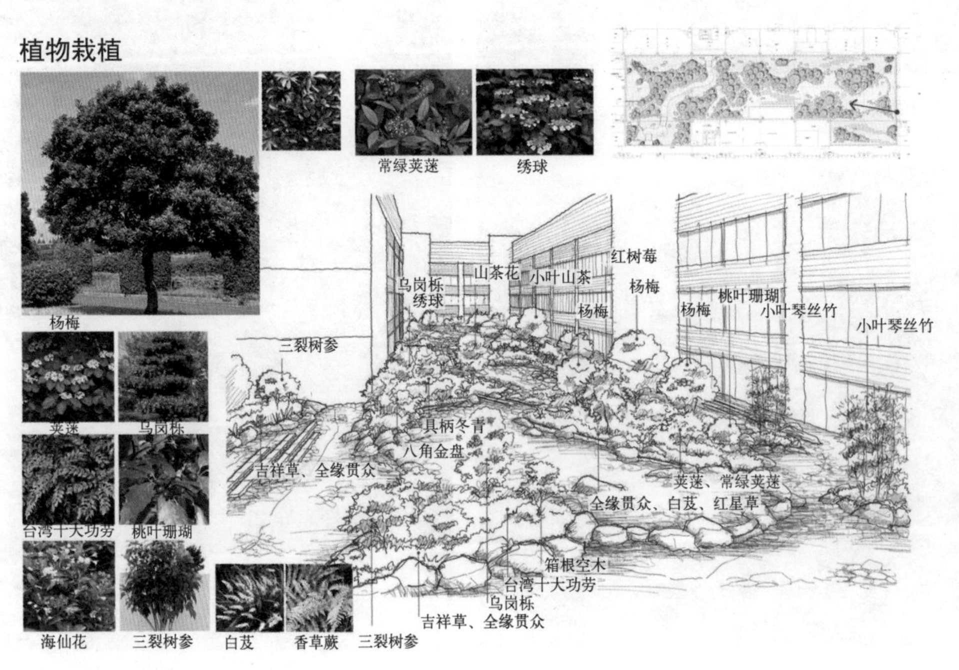

▲ 庭院内的植被分析

▼ 庭院剖面图

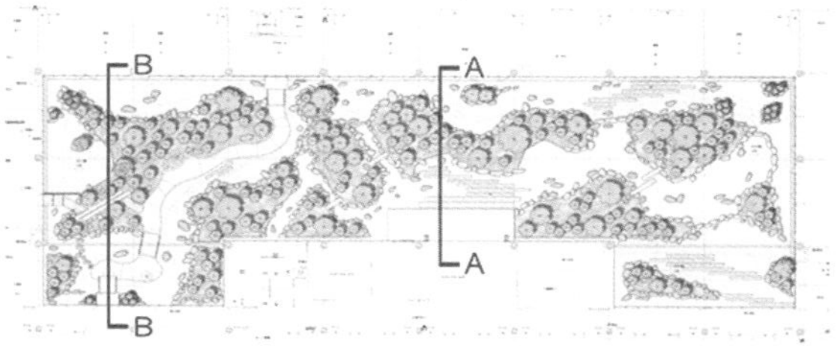

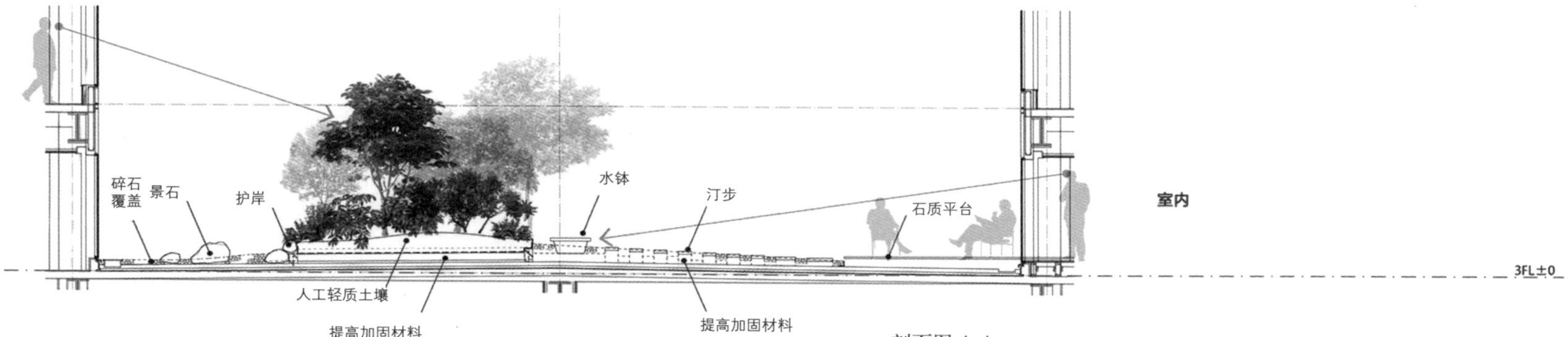

B
B
A
A

碎石覆盖
景石
护岸
水钵
汀步
石质平台
室内
人工轻质土壤
提高加固材料
提高加固材料
3FL±0

剖面图 A-A

（碎石覆盖）
护岸
铺地
护岸
州浜
三和土
景石
提高加固材料
人工轻质土壤
3FL±0

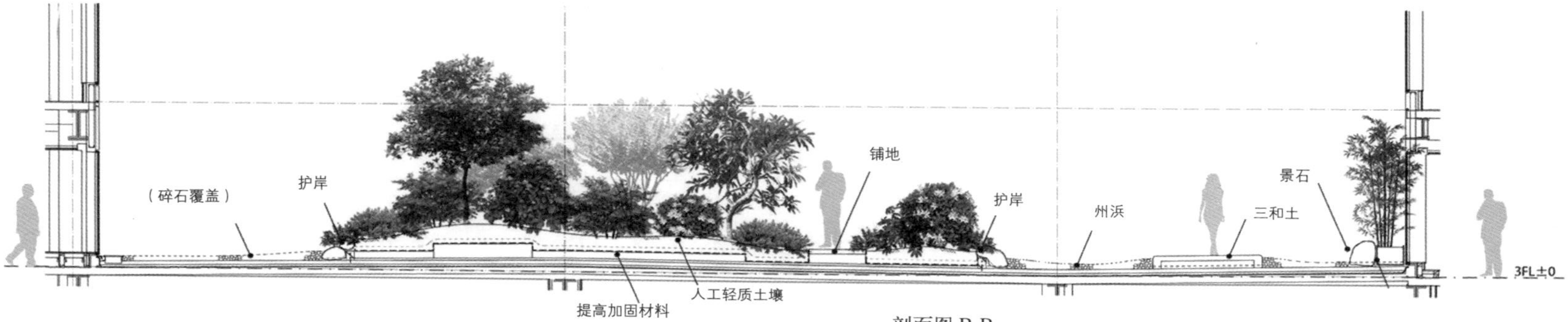

剖面图 B-B

案例分析任务表十二

课题：									
项目类型		项目面积		设计师					
项目所在地		年均温度		最高温度		最低温度		年降水量	

任务一：解决问题的方案与方法分析		
设计理念		设计成果或解决方式
存在问题 与挑战		
业主需求		
设计目标		

任务二：植物栽植分析					
典型植物	植物数量	配置形式	日式功能类型	空间中的作用	备注： 空间的界面，按照视线和身体的通过性，可以形成不同的组合关系，如视线上可以通过，身体无法通过，视线和身体均无法通过等

思考题：	1. 本设计中各个空间之间组织关系是怎样的？ 2. 日式园林植物栽植有哪些形式？ 3. 本设计提供的景观功能有哪些？ 4. 日式园林中置石的类型有哪些？
印象最深刻	

学习日期：

二、技能训练

尝试使用日式园林的植物配置形式和飞石布置形式，安排植物与飞石。

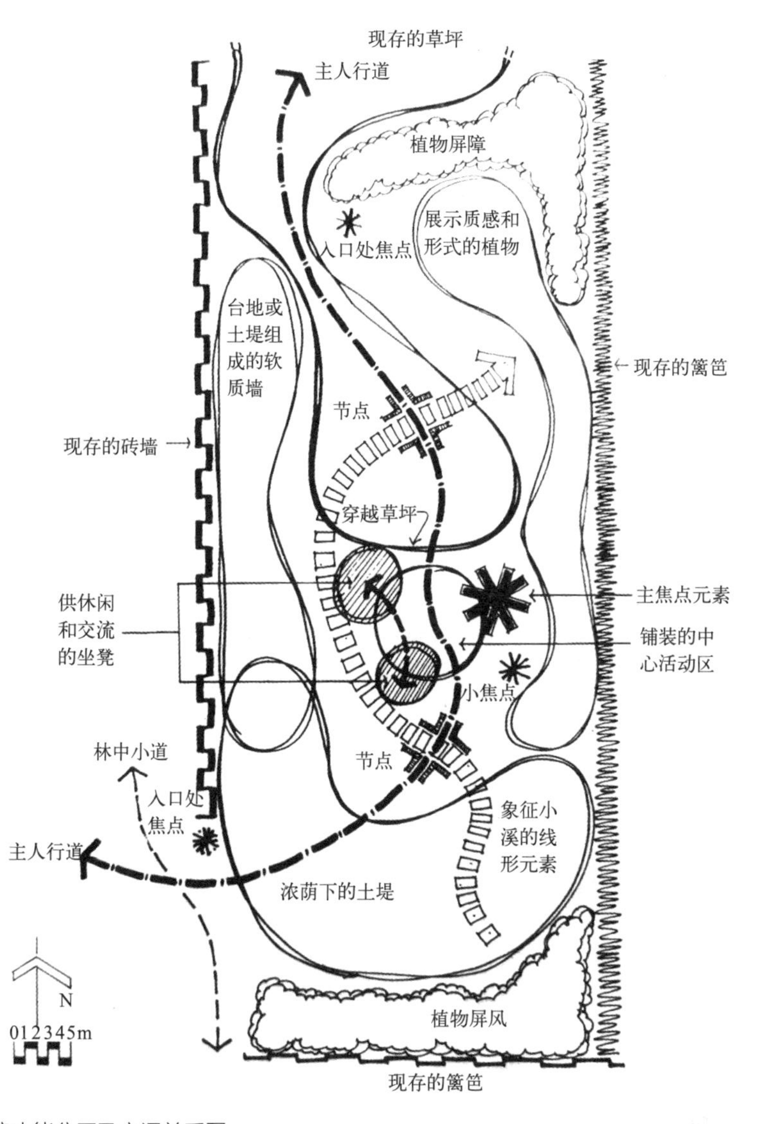

▲ 某私家庭院功能分区及交通关系图

三、知识提点

知识点1 日式园林的植物栽植

在日式园林中，重要位置所栽植的树木称为“役木”，对役木的理解是进一步了解领会日本庭园的重要一环。役木可分为独立役木和添景役木两种。

（1）独立役木

寂然木——南面的庭中靠东侧的观赏植物，常用的有厚皮香，细叶冬青，罗汉松，日本柳杉等。

夕阳木——与寂然木相反，南面的庭中靠西侧的花灌木和红叶树类，常用的有鸡爪槭、樱花、梅花等。

流枝木——水面与地表之间的过渡树种，枝条垂落于水面，常用的有矮松、黑松、鸡爪槭等。

越见木——一般种植在山丘的后面或是绿篱的外侧等位置，主要作为背景树，常用的有松、青栎类和梅花等。

见附木——正对着门对面视线交点处的树，常用的有细叶冬青、厚皮香、日本榧等。另外，茶庭中腰挂待合正面的直干黑松等也属于这一类。

袖摺木——种植在茶庭及内花庭的飞石旁，作为一种配景植物，常用的有黑松等。

见返木——种在入口的附近，作为标志树种，常用的有细叶冬青、厚皮香、日本榧等。

（2）添景役木

潭围木——作为烘托潭口的深度和落差的树木，除常绿树外，还有起到添景作用的红叶树。

飞泉障木——也可以称作潭障木，潭被植物枝条覆盖，除常绿树外，还有枫和槭类等。

灯笼控木——作为灯笼背景的树，常用的有松、柯树、细叶冬青、厚皮香、罗汉松、日本榧等。

灯障木——在灯笼的前面作为障景的树木，常用的有鸡爪槭、落霜红等。

钵前木——手水钵的配景植物，常用的有矮生紫杉、日本榧、落霜红、梅花、乌竹、南天竹等，以及草本的蝴蝶花、雀舌花等。

钵请木——蹲踞的配置植物，常用的有马醉木、柃木、南天竹、卫矛等。

知识点2　飞石

石间保持一定距离，其最终的目的是要创造一种能够更好地展示庭园空间的“路”。飞石根据其不同的排列方式可分为：四三连、二三连、千鸟打、雁鸣打、二连打和三连打。使用哪一种排列方式完全根据步行者的最佳路线的配石美观度来考虑。日本庭园中出现的飞石，在布石形态上与中国庭园中出现的庭石十分相似，而且中国庭园中也常常在水中设置汀步，其形式也与飞石十分相似。

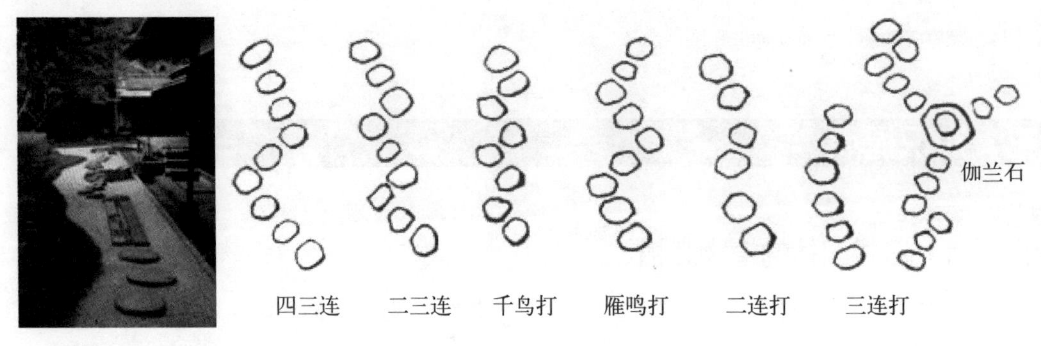

▲　日式园林中的延段与飞石

四、扩展阅读：中国园林对世界园林的影响

中国园林因其悠久的历史、深厚的文化内涵、丰富的植物要素、独特的造园手法以及对世界其他园林风格的影响而被称为“世界园林之母”，在世界造园史上具有重要地位。早在公元前7世纪，中国园林就已通过朝鲜半岛东渡日本，开启了对外传播的进程，对日本禅宗、枯山水庭院和茶庭文化等产生了深远影响，最终共同形成了东方造园体系。17世纪下半叶至18世纪，欧洲的“中国热”开始盛行，这是中国园林第一次走出亚洲，走向世界。这一时期的园林文化主要通过绘画作品、壁纸年画和园林著作等方式进行传播。风靡全球的“中国热”随着法国资产阶级大革命和中国两次鸦片战争的爆发悄然而逝。在“中国热”退去到改革开放之间，海外对于中国园林的认识和中国造园思想的理解存在一定局限，中国园林在海外的传播停滞不前。

改革开放以来，随着国际间的交流日益频繁，中国园林获得了前所未有的发展机遇。自1978年美国“明轩”的建设开始，中国园林的海外建造活动逐渐增加，园林的修建地点、建造主体、建造形式、建造思想和建造缘由等逐渐多样化，极大拓展了中国园林在世界的建设范围。

案例十三

非凡的园艺组合
——海岸岭住宅景观

项目信息

设计者：Scott Lewis Landscape Architecture

项目地点：美国，加利福尼亚

项目分类：庭院，屋顶花园

教学目标

知识目标：① 掌握几种植物造景形式
② 掌握花境的类别和设计程序

技能目标：① 具备识别与区分造景形式类别的能力
② 具有花境的初步设计能力

素质目标：① 培养热爱自然的意识
② 培养严谨的设计逻辑

一、详述：海岸岭住宅花园

这栋坐落于山坡上的住宅唤起了与之毗邻的90英亩橡树林保护区的自然特征。设计摒弃了围栏和草坪，在一个由相互联系的住宅及工作室组成的现代院落中种植了本地植物，营造出丰富且细腻的质感。作为园艺师的业主构想了一个对野生动物友好的景观，能够在提供栖息地的同时，留出用于试验区域种植多样性的机会。雨水收集系统、透水表面、耐旱植物和灰水灌溉系统共同实现了节约资源的目标，使景观灌溉的用水量仅为县政府规定的33%。种植着本地草和野花的隔水屋顶花园将棚屋式的建筑与场地融为一体。由粗糙石块构成的雕塑般的花池将中央庭院里丰富的多肉植物围合起来，展现了房屋主人的艺术趣味。基于深思熟虑的选址，该项目保留了一片石兰科常绿灌木林，同时保护了既有的橡树，并借助蜿蜒的小路和室内空间引入了广阔的视野。这座建筑得以同时从地面和屋顶上与周围的环境融为一体，尊重并延伸了附近的自然保护区及其充满原始气息的景观。景观设计师将本案选址于场地北面和西面的陡坡之间，东面是区域保护地，南面是既有的橡树林。建筑体块和车辆通道设置在北角，以最大限度地增加花园的阳光。

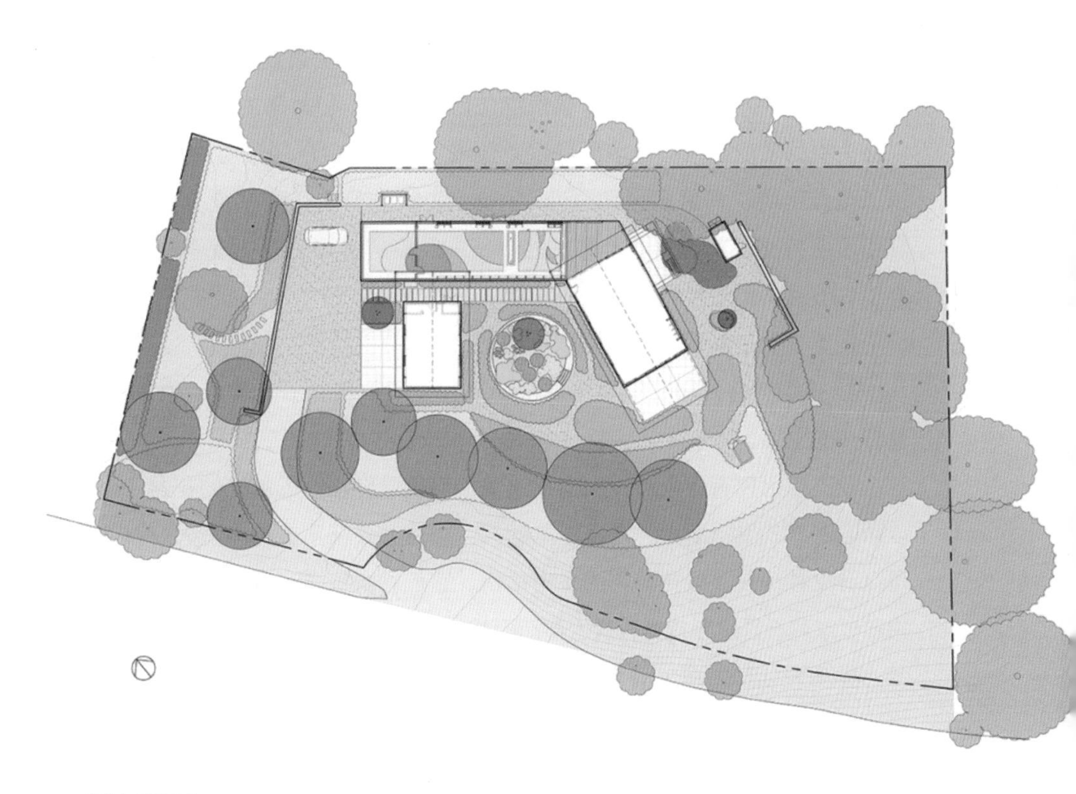

▲ 场地平面图

1. 设计要求和场地范围

这处占地1英亩的场地，其设计与房屋的拆除工作以及新独栋住宅的建造共同进行，最终呈现为三座相互联系的建筑。场地位于一个缓坡上，在旧金山湾区中半岛西部的一片90英亩的保护区的边缘，这里分布着绵延的橡树林。以前的房屋占地面积较大，包含一条沥青车道和数个水泥平台。业主希望建造一座具有高环境敏感度的房屋以回应场地特征。身为富有创造力的艺术家、技艺熟练的制造者和经验丰富的园艺师，他们要求建筑师为其提供专门用于创作的空间，包括工作室、工作车间、画廊以及内容广泛的图书室；房屋外部则期望建造一个能够与周围开放空间和保护区相融合的本地花园，并在设计和运作上展现可持续性。

2. 设计方案和目标

该项目包含三个主要目标。

① 将附近橡树林地的空间特征反映在建筑的外观上。

作为关键性的第一步，景观设计师和建筑师共同确定了建筑的朝向，旨在填补并保护宏伟的橡树林，同时允许从房屋两个楼层的玻璃外墙看到开阔的细部景观。这种有意的安排使花园空间得以与庄园内的橡树树冠在水平方向上同时扩展，并将主要的起居楼层包裹起来。景观设计师选用了自然主义的种植组合，使木质建筑的方直轮廓与周围的橡树融为一体。原生的地被植物和灌木为蜿蜒的碎石小路带来丰富的纹理，粗糙的石墙划定出建筑空间，并将其延伸至景观当中，鹅卵石的质地使人联想到从场地中露出的天然岩石。场地上未使用任何围栏，以帮助林地生物在花园中寻找到合适的栖息环境。

景观设计师还在屋顶线上设计了自然的外观。中央建筑的平屋顶上有一个草地花园，选择了8个草种、本地野花和球茎植物，以显示冬季和夏季的交替变化。从主卧室的平台上可以直接望见屋顶花园，从地面层以及住宅双层入口门厅的景窗也都可以看见这处独特的景观。屋顶花园的植物采用了深度为9in（1in＝2.54cm）的托盘系统，由景观设计师按照植物的色彩和质地精心布置。为了让房主能够从主卧室的平台上获得观察植物多样性的最佳视野，距离平台最近的位置种植了最矮的植物，越往远端，植物的高度越高。屋顶本身是低维护性的，仅需在夏季使用滴灌（当地温度可达32.2℃以上）。

② 该场地将为园艺师业主提供植物实验和收藏展示的场所，体现其在园艺慈善事业和教育方面的承诺。

业主自己拥有大量的多肉植物收藏，它们曾经被置于独立的花盆中。如今，这些收藏可以以动态的方式展示出来。走出停车场后，经过一条狭窄的道路进入开阔的中央庭院，这时候便可以看见种植在大型花池中的多肉植物。它们种类繁多，令人过目难忘。这座石砌的圆形花池由雕塑家兼石匠用粗糙的石灰岩塑造而成，完美地捕捉到了客户对于园艺和艺术的兴趣点。

景观设计师为业主培育的本土植物创造了一个实验区域。在场地南侧，盆栽大棚与一堵宽大的石砌座位墙（同样由石灰岩打造）结合在一起，给人以厚重的观感，可以作为放置盆栽和工具的工作台。该区域均以碎石铺设，业主可以在任何地方进行挖掘，为新的本地品种建立种植岛。这样设计的目的是为实验性的种植活动创造更多可能，种植成功的物种将被移植到场地西面开阔的花园区域。在这个“植物实验室”区域内，一个烹饪花园和户外烧烤空间被整合至厨房外部的板状混凝土露台上。

③ 保护场地中的资源至关重要。

可替代的水供应：该场地以灰水和雨水收集系统作为灌溉用水的重要来源。家庭产生的灰水将被收集到一个容量为250gal（1gal=3.785dm^3,下同）的地上水箱，经过筛选和过滤之后被泵入灌溉系统。雨水将被收集到5100gal的地下水箱，过滤之后被输入灌溉系统。该项目在第一年大约收集了25355gal的水，覆盖了该场地约13%的灌溉需求。经过细致考量的种植设计将灌溉的耗水量减少至San Mateo县规定消耗量的48%；加上灰水和雨水后，消耗量将减少至规定量的33%。

最小的地势变化和周到的选址：房屋的战略性选址为场地提供了尽可能平整的地势。在构想住宅的位置时，景观设计师与建筑师进行了密切合作，最终为三座建筑选定了最有利的布局：一组太平洋曼撒尼塔树被保留下来，与原生的橡树林建立了安全且清晰的距离；此外，场地南面还创建了以低矮石墙为边界的实验性种植区。这座石墙同时构成了“设计空间”与既有橡树林之间的显著视觉边界。场地对侧的北山建造了一座4ft（约1.2m）高的挡土墙。最终，这片广阔的土地为打造独特且显著的圆形花池创造了可能性。

患病的蒙特雷松树被移除并重新种植了10棵橡树，以补全住宅周围由橡树构成的弧线。场地中既有的岩石和小石块还被用于制作散水装置。

3. 植物的栖息地

业主和景观设计共同挑选了近40种本地植物，能够为毗邻保护区中的常驻动物提供栖息地。蜂鸟们可以享受到7个品种的莎草；树丛间的烟斗藤为脆弱的马兜铃凤蝶提供了栖息环境；各类鸣禽可以停留在6个不同品种的曼撒尼塔树、柠檬水漆树、西部紫荆和野草莓树上。

鼠李吸引了珠颈翎鹑和雀鸟。地面层的丰富草种能够为越冬的昆虫提供庇护，为鸣禽提供种子，同时为蝴蝶的幼虫提供栖息地。景观设计师将这些耐旱且能避免鹿食的植物品种以适宜的规模集合在林地环境中。

◄ 建筑群组：住宅由多栋建筑组成，主要的起居空间带有一定角度，以捕捉开阔的西部景观；相连的体量容纳了工作室和工作车间；盆栽大棚紧靠着树群，各类植物和小径贯穿整个场地

▲ 石砌花池与多肉植物收藏：圆形的花池由来自北加利福尼亚州的雕塑家专门打造，用于容纳业主丰富的多肉植物收藏。这处焦点空间凝聚了业主对艺术与园艺的热爱

▲ 从屋顶花园望向地面层：场地未设任何围栏，允许野生动物通过。这种做法也让新的植物得以与既有景观实现无缝衔接。景观方案选择了适合于场地的植物，其灌溉用水量仅为县政府规定用量的1/3

▲ 屋顶花园南向视野：屋顶花园位于工作室建筑上方，远端是主卧室的露台。一只大雕鸮时常栖息在远处的屋脊上。本地和耐旱的草种分布在粗糙的纹理与色彩中

房主对于当地的生态系统有着深入的了解，并且乐于带领他们的客人体验花园之旅。他们所传达出的信息是：在区域性的植物、战略性的选址、水资源保护和园艺栖息地的共同作用下，这处场地得以与周围环境丰富的生物多样性连接在一起。

▲ 地面层花园路径西向视角：碎石小路围绕着圆形花池和整个原生花园。道路两侧未设置封边，以创造具有扩散性的边界

▲ 地面层花园与圆形石砌花池：景观设计师、建筑师与业主建立了合作关系，将轮廓清晰的建筑植入多层次的植物景观当中，使其形成和谐的并置关系

▲ 石砌花池与墙体细节：中央的圆形花池和场地上的墙壁均由石灰石打造，在经过精确雕刻后形成了紧密结合的图案。在将石头运送至现场组装之前，雕塑家对每块石头进行了切割与编号

▲ 地面层花园路径，北向视野：在充满阳光的原生花园中，植物保持了简单的色调，以提供整体视觉的和谐度。色彩与纹理的平衡主要通过种植有限的同属物种并尽量减少颜色种类来实现

◀ 三个层次的景观：景观设计分为本地植物、多肉植物和季节性草种三个层级，为当地的野生动物提供了不同的栖息环境。屋顶花园的草坪在地面植物与橡树树冠之间建立了视觉连接

◄ 从餐厅望向石砌花池：在餐厅外部，圆形花池为多肉植物收藏提供了一个显著的容器，它包含着不同质地的植物和季节性的花卉，并且具有强烈的形式感。在底座处，鹿草和曼萨尼塔树强调出本地的环境特征

◄ 花园边缘的盆栽大棚："植物实验室"区域包含了带有展示架的盆栽大棚，它在橡树间划定了花园的边界。右边的宽阔座位墙可以作为工作台面使用。砾石的表面可用于试验新植物品种的栽培

◄ 南侧花园：考虑周全的功能布局、敏感的选址以及非正式的种植方案使住宅与其所在的自然环境融为一体，同时与附近的自然保护区建立有机的连接

案例分析任务表十三

课题									
项目类型		项目面积		设计师					
项目所在地		年均温度		最高温度		最低温度		年降水量	
任务一：解决问题的方案与方法分析									
设计理念		设计成果或解决方式							
存在问题与挑战									
业主需求									
设计目标									
任务二：植物栽植分析									
造景形式	配置形式	景观作用	观赏特性	美学功能	备注： 1. 观赏特性包括大小、形态、色彩、质地 2. 美学功能包括完善作用、统一作用、识别作用、强调作用、软化作用、框景作用				
思考题	1. 本设计中各种造景形式的组织关系是怎样的？ 2. 本设计中造景形式分别属于各自的哪些类别？ 3. 本设计提供的景观功能有哪些？								
印象最深刻									

学习日期：

二、技能训练

校园角落L形场地的花境设计。

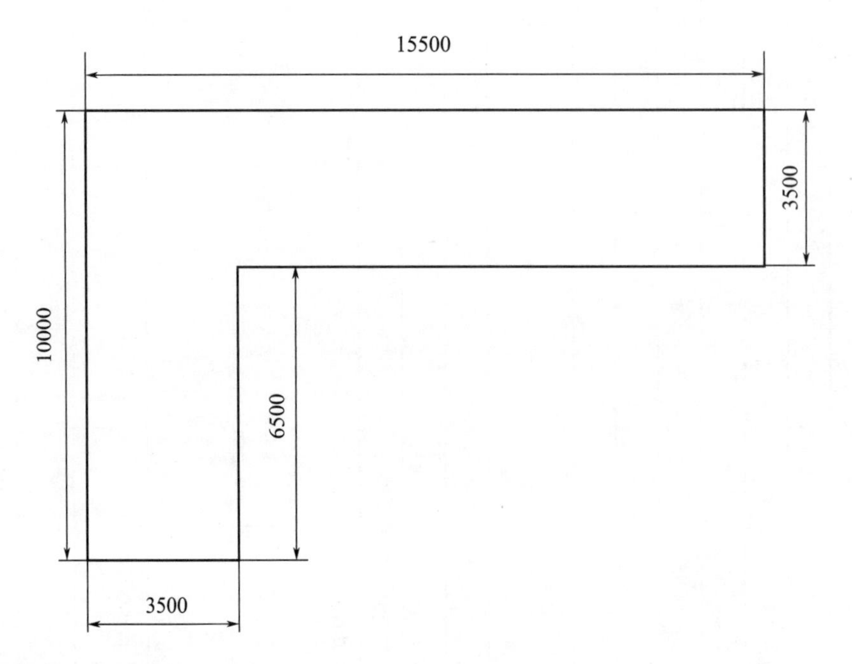

▲ 某校园角落平面图（单位：mm）

三、知识提点

知识点1 花坛

（1）花坛的概念

花坛是在植床内对观赏花卉进行规则式种植的配置方式。

花坛是在一定范围的畦地上按照整形式或半整形式的图案栽植观赏植物以表现花卉群体美的园林设施。在具有几何形轮廓的植床内，种植各种不同色彩的花卉，运用花卉群体效果来表现图案纹样，或盛花时绚丽色彩的花卉运用形式，以突出色彩或华丽的纹样来展现装饰效果。

（2）花坛的分类

① 以花坛表现主题内容不同进行分类，可分为盛花花坛、模纹花坛、主题花坛、立体造型花坛、混合花坛等。

a. 盛花花坛（花丛花坛）是用中央高、边缘低的花丛组成色块图案，以表现花卉的色彩美。

b. 立体造型花坛以枝叶细密、耐修剪的植物为主，种植于有一定结构的造型骨架上，从而形成的造型立体装饰，如卡通形象、花篮或建筑等。

c. 模纹花坛主要观赏精致复杂的图案纹样，植物的个体形态观赏居于次位。通常以低矮观叶或花叶兼美的植物材料组成，故不受花期的限制。

d. 混合花坛由两种或两种以上类型的花坛组合而成（如盛花花坛+模纹花坛；平面花坛+立体花坛；或者混合水景或雕塑等组成景观）。

e. 用观花或观叶植物组成具有明确主题思想的图案，按其表达的主题内容可分为文字花坛、肖像花坛、象征性图案花坛等。

▲ 盛花花坛

▲ 立体造型花坛

▲ 模纹花坛

▲ 混合花坛

▲ 主题花坛

② 以花坛占据空间的形式进行分类，可分为平面花坛、高设花坛、斜面花坛以及立体花坛。

a. 平面花坛的表面与地面平行，主要观赏花坛的平面效果，包括沉床花坛或稍高出地面的平面花坛。

b. 高设花坛是由于功能或景观的需要，常将花坛的种植床抬高，也称花台。

c. 斜面花坛表面为斜面，与前两种花坛形式相同——均以表现平面的图案和纹样为主。设置在斜坡、阶梯上，有时也在展览会上出现。

d. 立体花坛不同于前几类花坛表现的平面图案与纹样，以表现三维的立体造型为主题。

知识点2　花境

（1）花境的概念

花境（flower border）是指利用露地宿根花卉、球根花卉及一二年生花卉，栽植在树丛、绿篱、栏杆、绿地边缘，以及道路两旁和建筑物前，以斑块组合的形式呈带状进行自然式栽种。它是根据自然风景中林缘野生花卉自然分散生长的规律，加以艺术提炼，而应用于园林景观中的一种植物造景方式。

▲ 路缘花境

▲ 林缘花境

▲ 岛式花境

▲ 隔离带花境

（2）花境的分类

① 按照观赏角度分为平面观赏花境、单面观赏花境、双面观赏花境、独立花境和点缀式花境等。

② 按照植物组成分为专类植物花境、宿根花卉花境和混合花境等。

③ 按照依托环境可分为路缘花境、林缘花境、隔离带花境、岛式花境、台地花境、立式花境、滨水花境等。

a. 路缘花境：通常设置在道路一侧或两侧，多为单面观赏花境，具有一定的背景，适用于公园游路两侧、公共道路旁边等，供行人观赏。路缘花境植物品种丰富，在较小的面积里即可实现十几种甚至几十种植物混合栽植，俨然一个小型植物群落，且色彩丰富，给人或热烈奔放，或舒缓宁静之感，穿行其中是一种美的享受。

b. 林缘花境：是指位于树林边缘，以乔木或灌木为背景，以草坪为前景，边缘多为自然曲线的混合花境。在立面高度上呈现从高大乔灌木到低矮草坪的过渡，丰富了植物的层次感，适合公园和风景区应用。因观赏距离相对较远，适合丛植或团块状组合配置，前低后高。林缘花境植物材料的选择应充分考虑背景林朝向和采光条件。深入林下和靠近林缘的花材宜选耐阴或半耐阴的品种。

c. 隔离带花境：是指道路或者公园隔离带中的花境，既起到分隔车辆和行人的作用，又增加了景观，主要采用观赏期长、易养护、好打理的植物品种。较多使用色彩艳丽、观赏性能良好的植物种类，使花境内部更具备层次感，还可以创造出良好、生动的氛围。另外，隔

▲ 台地花境

▲ 立式花境

▲ 滨水花境

离带花境通常选用低矮的木围栏和路缘石等做围边修饰。不仅可以防止水土流失，而且边缘清晰美观，易于养护管理。

d. 岛式花境：是指设置在交通环岛或草坪中央的花境，可四面观赏，通常在花境中间种植高大浓密的植物，作为视觉焦点，同时也成为周边较低植物的背景，在视线上起到一定的阻隔作用，以免令观赏者的视线穿过花境而分散注意力。

根据场地属性，花境的作用不仅仅是纯观赏，也有一部分引导视线的作用。草坪中央的花境，尺度和位置也要与草坪相衬。

e. 台地花境：是一种随着地势层层递进，借势造园的高差处理方法。合理、美观地设置台地，能有效营造丰富的景观层次。大高差的条件下还能形成颇具气势的立体景观效果。台地花境与其周围的材料相辅相成，除了常规的混凝土、景墙、石材外，近年来耐候钢、马赛克瓷砖等新型材料也广泛运用。

f. 立式花境：是指用花架、围栏、拱棚等硬质材料作支撑而布置的花境，一般垂直于地面，向上借景，在立体的空间中打造景观。立式花境可以看作立体绿化的一种形式，多应用于地面空间不够的场所，如建筑外立面、围墙等。在植物配置方面，多选用色彩鲜艳的植物，以便于突出周围环境。

g. 滨水花境：指的是在草坡与水体衔接处，或在水体驳岸边以多年生花卉结合湿生植物布置的花境，利用不同种类和数量的乔灌木来丰富景观，简单来说就是布置在池塘、溪流边或湿地内的花境。

在设计时应考虑水是流动的还是静止的，根据这个要素来配置相依的植物景观。对于自然水体，应注意涨水期和汛期水位线，并限制外来的花境植物种植范围，防止水淹。

（3）花境设计的一般步骤

① 了解和准备花境植物素材：了解当地可以获得的多年生、一二年生花卉，及其观赏特性、价格等信息。

② 确定场地与观赏路线、观赏面、观赏层次、观赏重点。

③ 种植斑块的划分：根据场地条带的宽度、观赏层次等划分出形状自然的自由斑块。

④ 斑块与植物的对位设计：以色彩作为首要因素对位设计，以高度作为次要因素初步调整；或者相反，以高度作为首要因素对位设计，以色彩作为次要因素初步调整，形成对位布局图。

⑤ 对位的分析与调整：考虑质地因素、观赏韵律与节奏因素（色彩、形态、高度、质地、季相等），进行分析调整。

知识点3　植物地带性与乡土植物

（1）植物（植被）的地带性

决定植被成带分布的是气候条件，主要是热量、水分及其配合状况。地球上的气候条件按纬度、经度与高度三个方向改变，植被也沿着这三个方向交替分布。

在低纬度地区（如赤道），地面全年接受太阳总的辐射量最大，因而终年高温多湿，常夏无冬。在北半球，随着纬度的北移，地面受热逐渐减少。到了高纬度地区（如北极），终年寒冷，常冬无夏。这样从南到北就形成了各种气候带，与此相应，各种植被类型也呈带状依次更替，其顺序为：热带雨林—亚热带常绿阔叶林—温带落叶阔叶林—寒温带针叶林—极地苔原。这就是植被分布的纬度地带性。

海洋上蒸发的大量水汽，通过大气环流输送到陆地，是陆地上大气降水的主要来源。在同一个热量带范围内，陆地上的降水量从沿海到内陆渐次减少，相应的植被类型也依次更替，其顺序为：森林植被—草原植被—干旱荒漠植被。这就是植被分布的经度地带性。

从低海拔平地向高山上升，气候条件逐渐变化，气候条件的垂直差异导致了植被分布的变化，这就是植被分布的垂直地带性。

（2）乡土植物

乡土植物即乡间本土植物，是指在没有人为影响的条件下，经过长期物种选择与演替后，对特定地区生态环境具有高度适应性的自然植物区系的总称。经常被人忽视的一些野草，比如狗尾草、苔藓等，将这些被人“遗忘”的又较常见的植物作为景观植物大量种植，能形成一定的乡间野趣，也有一种生态的感觉。

四、扩展阅读：诗意栖居——中国人的传统人居思想

在德国哲学家海德格尔的名言“人，诗意的栖居”越来越为人们所熟知和向往的时候，回顾中国传统的居住文化和人文情怀会发现，这种追求诗性、寻求心灵轻盈与静谧，乃至回归明净无瑕精神家园的思想与之异曲同工。其实，中国传统文化比西方文化更早地追求着以诗性和精神家园为目标的人居理想。《诗经》提出的建立人人平等的“乐土”“乐国”“乐郊”的美好理想，晋代谢灵运、陶渊明等人倡导的“山水田园隐居情怀”，宋代郭熙指出的山水画的“可行可望”不如“可居可游”的精神寄居，再到古典园林由“山居”到“园居”、由“家在山水中”到“山水在家中”的心中有世界的大自然情怀，如此等等，不胜枚举。正是这种强调诗性、追求精神居所和理想家园的情怀，使中国传统的人居环境思想能超然于现实而达到心灵与自然的静默和融合。中国传统人居环境追求诗意和精神家园的理想，是中国优秀传统文化的重要组成部分，对今天的宜居城市建设、美丽乡村建设、新型城镇化建设，富有哲学和思想的启发。在解决当前人居环境建设普遍存在的生态缺失、文化缺失和道德缺失的基础上，坚持“诗意栖居”的理想，坚持传统与现代、科技与文化、理想与现实、山水与人文的真正融合，一个既能满足人的居住需求，又能满足人的精神需求的美好家园、幸福乐园，一定能成为现实。

案例十四

不同群落的营造
——山地景观修复性设计

项目信息

设计者：Design Workshop

项目地点：美国，科罗拉多

项目分类：公园，生态修复

教学目标

知识目标：① 掌握植物群落的概念与组成分析方法
② 掌握常见的群落类型和生物多样性的概念

技能目标：① 初步具备野生群落组成分析和模拟的能力
② 初步具备群落类型识别和选择的能力

素质目标：① 培养热爱自然、模拟自然的意识
② 培养严谨的设计逻辑

一、详述：山地景观修复性设计

占地28英亩的生态修复项目对整个区域都具有重大的意义，体现了业主对于所许下的土地管理与可持续发展承诺的坚定不移。如今已拥有复杂而极富活力的生态系统的场地在过去已荒废了百年。为了支持快速发展中城市的基础建设，人们砍伐了参天的百年黄松，开办矿场挖走石材，将其自然资源消耗殆尽。在20世纪70年代，这片以碎石堆、贫瘠的土壤与猖獗生长的杂草著称的开阔地域曾短暂地被作为林场和临时露营地使用。

然而，通过对于生态设计原则的巧妙运用，来自Design Workshop的跨学科设计团队成功地将这片似乎已无可救药的景观转化为不惧严酷天气条件与短暂生长季节的挑战——具有强健生命力的高山生态系统。如今，包括山杨林、针阔叶混交林、矮灌林、草甸、滨河植被区在内的十种植被群落被重新引入场地，重建了与重要野生动植物栖息地间的联系，提升了区域内流域的生态品质，也鼓励了人与自然的进一步接触。

1952～1972年：砾石生产作业

如今：实现生态修复

◀ 演变：基地位于一片冰川终碛区，冰水消融后在此积聚了300ft深的沙土碎石。1952～1972年，州立高速管理局在此兴建矿石开采场时挖下的占地6.5英亩的巨坑遗留至今

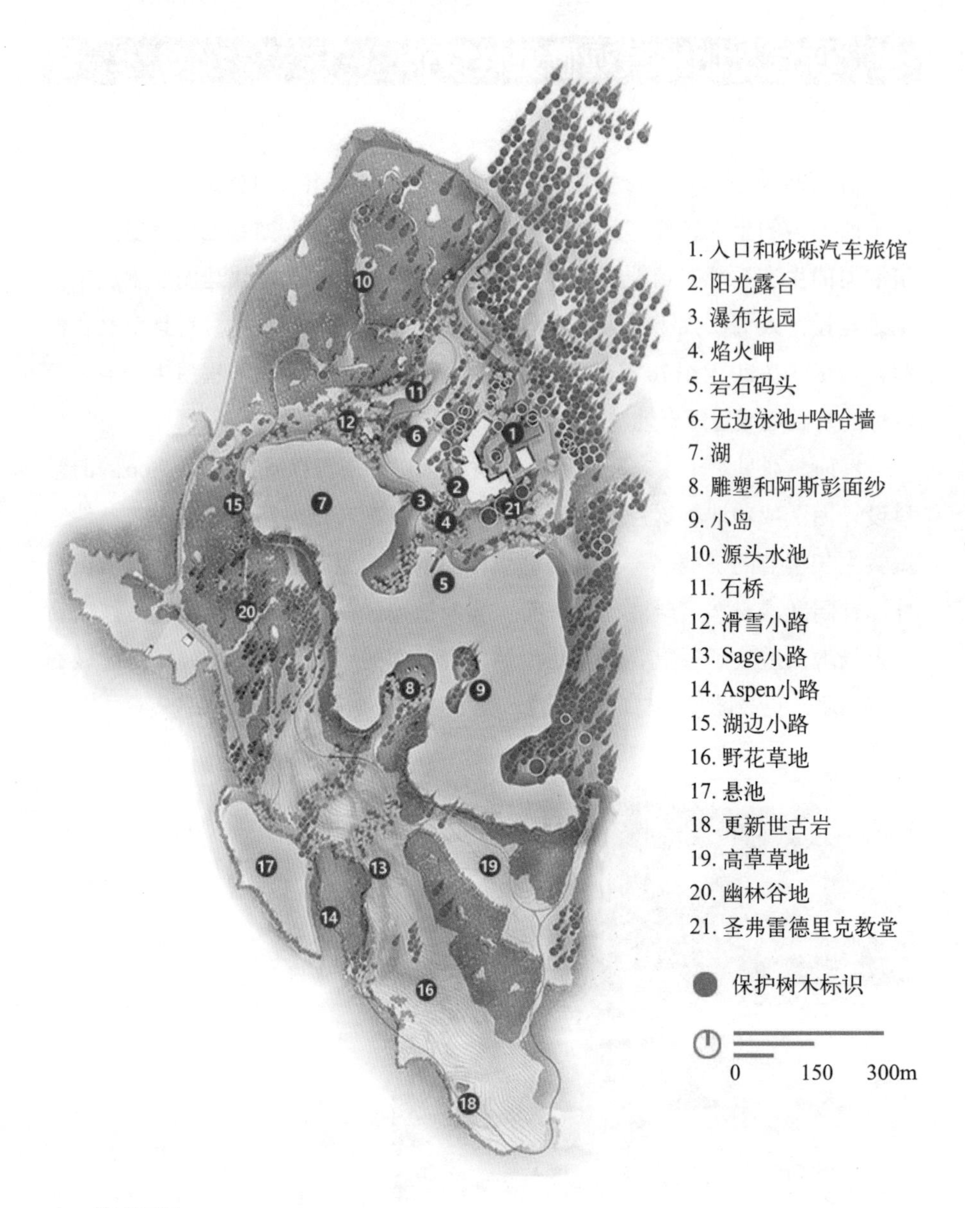

▲ 总平面图

1. 项目概况

项目位于大陆分水岭向西13mile处，在由冰川形成的山谷尾端。海拔8000ft的基地处于山地森林生物带。

在过去的数十年间，这片开阔地域曾短暂地作为林场和临时露营地，而人们对其认识也仅止于碎石堆、贫瘠的土壤与猖獗生长的杂草。

基地中的沙质土壤和浅层地下水曾经孕育了一片繁茂的北美黄松林。1890年爆发采银热潮，矿工和伐木工为了建造矿井和房屋，将这里的树木砍伐殆尽。当时剩下的少量树木是如今区域内发现的最大最古老的树种，其中一棵的树龄超过125年。

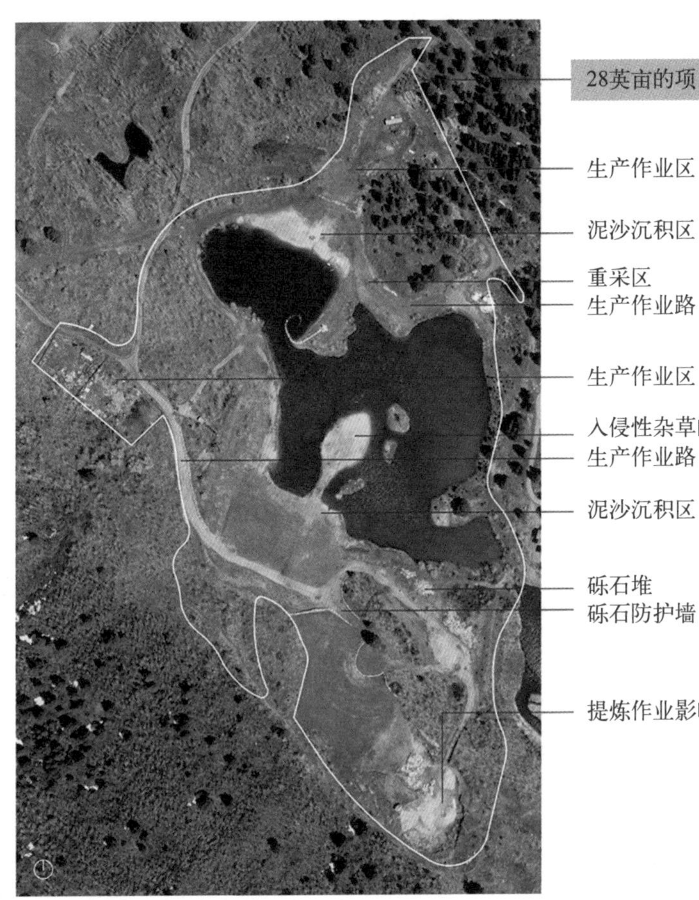

这里的自然环境十分特殊，阴冷潮湿的北向和东向坡面上长有杨树和针叶混合林，其中间杂着滨水湿地生态系统。生物经历了几千年的对自然的适应和演变才形成如今复杂多变的山地森林地形，其保留价值极高。湿度或动植物种类的突然变化以及人为开发都会削弱甚至破坏这片脆弱的地貌

▲ 被忽视的景观空间

基地位于一片11000年前留下的冰川终碛区，冰水消融后在此积聚了300ft深的沙土碎石。在20世纪60年代中期，州立高速管理局在此兴建矿石开采场，经过不断地挖掘，基地上出现了一个6.5英亩的巨坑，其中灌满了地下水。

2. 多方面生态修复

对这片贫瘠而遍布杂草场地的修复始于对周边环境状况的深度分析，包括植被群落、物种结构与密度以及微气候皆被列入研究范围之内，并贯穿始终，影响着整体方案的确定。完整的基地分析还显示出了当地从十月到第二年四月发生的极端气候变化，如日光暴晒，盛行风，温度波动以及扩大的冰雪覆盖面积等。此外，一项针对区域内山地森林植物群落的研究显示，十种各具特色的植被类型被引入或是回归到了这片地区，包括松林、混合针叶林、杨树林、滨水杨木、滨水柳木、干草甸、湿草甸、自然出现的莎草湿地、山地灌木丛和开阔水面等。

3. 区域Ⅰ——旧矿区（14.25英亩）

当年的矿石开采给基地留下了满目疮痍，路堤裸露，土地贫瘠，设计师需要从宏观尺度

上重新规划土地，增加土层厚度，恢复本地植被。景观设计团队将水系与植被群落从相邻的山区延伸至场地之中，实现了被破坏环境与原生景观之间的无缝过渡。一个具有修复功能的种植策略自然地建立起来，进一步促进野生动物在场地内的移动。这个策略在保存本地植群和强化野生动物栖息地方面成果显著。目前，基地上重新引入了已有的水系，覆盖着成排的冷杉和云杉，在山和湖泊之间形成了一片保护性的连接区域，一年四季都会有骡鹿和麋鹿在这里栖息，有时甚至还可以看到猎豹的身影。

4. 区域Ⅱ——湖泊、湖岸线和岛屿（6.03英亩）

湖边满是密实的土壤和陡坡，几乎没有生物在这里栖息，也没有值得一看的美景。为了改变现状，景观建筑师对将近1英里的湖岸线重新进行了塑造，向其中植入了5英亩湿地，并根据水深不同，种下了莎草、芦苇、香蒲等丰富的湿地植物，湿地有过滤、控制腐蚀和沉降等作用。改造一经完成，这里就成为鸟类和野生动物的乐园。此外，水会流入一个很深的地下蓄水层，储存在砂层之间，不受外界污染，最终回到基地下方的相邻河流中。这是一个自然而又复杂的水资源再利用系统，它可以帮助平衡地下水和地表水，创造稳定的水环境，提升更大范围流域内的生态健康和生物多样性。

景观团队利用自然的方法设计了一个长期水处理和维护的计划，以保护周边流域和蓄水层。水的质量受到监控，每月都会对其含氧量、清澈度和化学成分进行测定。在人们的努力下，湖泊获得了新生，彩虹倒映在水面，鲑鱼在其中游弋。它在环境、娱乐、历史和视觉上的重要价值被充分挖掘出来。

5. 区域Ⅲ——部分修复区域（2.97英亩）

纵观整片基地，一些区域的修复力度较小，旨在保留经过不规则的矿石开发后自然形成的地形。补充的表层土和灌溉系统帮助这里重新成为一片季节性花草原。

6. 区域Ⅳ——最小干扰区域(3.39英亩)

保护并提升场地中现有山林的生态品质是景观团队的设计重点。郁郁葱葱的熊果、花楸、糙莓、唐棣、覆盆子等灌木为新栽植的树林增添了层次，同时也增加了生态系统的多样性，维持了野生动物及鸟类群落的数量。而森林的长期监管结果也反映了其生态系统的活力与健康。

7. 区域Ⅴ——开发区域(1.41英亩)

在修复场地生态系统的同时，景观团队与建筑师、施工方紧密合作，在场地内规划出建筑、一系列室外活动空间与休闲小径。景观团队希望让整个设计如同场地中繁茂生长的黄松林般，完全融入自然系统之中，生机勃勃的植被环绕着一处处室外活动场地，既能为大型正式活动提供充足的空间，又不失家庭聚会时的亲密感。

碎石铺成的车道穿越郁郁葱葱的松林，向着基地内部延伸，远方不时出现的山湖景色让人惊喜。建筑位于面朝南方的悬崖之上，俯瞰着下方的湖景，而建筑也仿佛消隐在景观之中。从起居室向外眺望，砂岩铺设而成的小路缓缓向下，通往湖泊，在靠近篝火的地方变得开阔，然后在石头码头处戛然而止。随着小路一同延伸的是一条小小的溪流，层层跌落直到湖中。

精心的雕琢让其如同附近洛杉矶山脉分水岭中的一条自然河道般，或静或动，蜿蜒前行，流过破裂的岩层，从悬挑的岩石顶上倾泻而下，最终在靠近湖岸的地方又渐渐恢复平缓，从繁盛的花草灌木中穿行而过。

在阳光露台的西侧，砂岩铺设而成的小径在被保留下来的黄松林与灌木草地中蜿蜒穿梭，引导着人们来到泳池露台。在狭长露台的尽端处可以眺望低处的山谷以及小溪。山谷中的雨水汇聚，溪流弯曲延伸，穿越丛林，流经一座石桥，随着层叠的花岗岩层逐级跌落，最终汇入湖中。落满了树皮的小径环绕着湖水，成为人们漫步自然环境，欣赏四季景致的最佳场所。

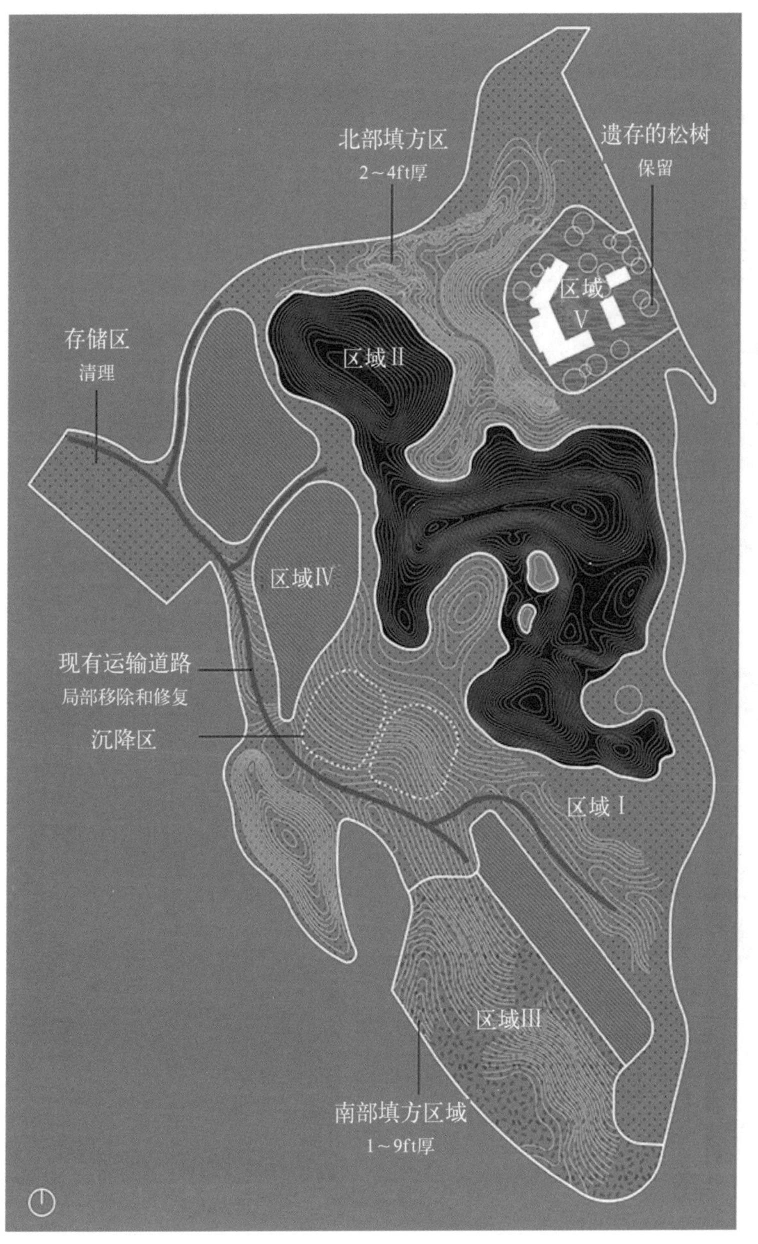

区域Ⅰ 14.25英亩
采矿作业区

为修复视觉上受损的地貌，重新勾勒贫瘠地区的轮廓，并在以前未受干扰的地区创建自然过渡区域，包括消除陡峭的斜坡、以前的通道和岩石挡土墙系统。在受干扰的区域铺上表土，局部安装灌溉系统以支持植被恢复。在某些受干扰区播撒原生草和野花的种子，栽植乔木和林下植物以改善景观

区域Ⅱ 6.03英亩
湖区、岛屿和岸线

改善水质，保护周围的流域和地下水位，增加潜在的水禽和鱼类栖息地，重塑湖岸，提供更自然的条件，清除污泥沉积物，减少细菌的滋生，安装臭氧曝气系统，增加水循环，消除不流动的区域，增加鱼类栖息地的氧气和营养水平，在岸线引入湿地阶地，用于自然营养水平的利用、水禽栖息地形成和水生植物的生长，建立为期5年的每月水质监测计划，分析水体富营养水平、浊度和化学成分。制订和维护水质处理计划，主要依靠自然方法，而不是化学处理

区域Ⅲ 2.97英亩
局部整修区

局部进行阶梯状和等高整地，以使几种地貌形态更加自然，额外敷设表土，以协助植被恢复，安装临时灌溉系统，并根据需要种植乔木和林下植物。

区域Ⅳ 3.39英亩
最小扰动区

为实现补植，根据需要补充乔木、林下植物和灌溉系统。

区域Ⅴ 1.41英亩
表层重建区

完成扰动区与建筑围护结构之间过渡区域的阶状整地及表土的敷设。进行乔灌木种植。

◄ 全方位的修复设计

景观团队清理了湖底沉积的淤泥，建立起一个臭氧曝气系统以减少细菌数量，促进水的流动并提高水体的含氧量。湖泊第一次成为野生动物栖息地，为到访的人们提供钓鱼、划船、游泳等休闲娱乐活动。

▲ 休闲娱乐

▲ 水源池塘

源自本土的建筑材料让设计完美地融入了其环境之中，天然质朴而永不过时。砂岩铺设而成的小径在被保留下来的黄松林与灌木草地中蜿蜒穿梭，引导着人们来到泳池露台。

狭长的泳池微微下沉，与邻侧的墙体组成了一个现代版的“哈哈墙”，使得泳池隐藏在眺望视线之外，随着人们走进突然出现在眼前，成为一个小小的惊喜，也保证了丛林的完整性。

原有的湖岸边缘土壤被压实，寸草难生。而作为对此的回应，景观团队重构了边缘，创造了总面积近5英亩的湿地。月度的水质检测程序将监控着水体的营养水平、水体透明度与化学成分。

▲ 休闲功能

▲ 花园

▲ 边缘的重塑

▲ 冬季景色

位于海拔8000ft之上的场地面临着短暂种植季度与严酷气候情况的双重考验，气温的日均变化可达到10℃，晴天时强烈的日照、猛烈的冬季寒风与每年175ft的降雪量无一不给设计带来挑战。

超过100种水生生物在修复后的滨河地带繁衍生息，减少了水体对河岸的侵蚀与沉积，提高了其营养水平的同时也成为居于其中的生物的食物来源。而对于流域及蓄水层的长期性维护制度将仅依靠自然实现。

景观团队利用场地的自然地形起伏，创造出一条错落有致的石头河道。精心的雕琢让其如同附近洛杉矶山脉分水岭中的一条自然河道般，或静或动，蜿蜒前行，流过破裂的岩层，从悬挑的岩石顶上倾泻而下。

▲ 繁茂的芦苇湿地

▲ 局域变化

设计团队充分考虑场地周边的植被群落类型，场地的地形、朝向、坡度，以及水源或野生动物栖息地的相关性因素，从而为设计提供了坚实的依据。而最终的分析结果显示，设计团队需要在其中重建十类生态多样化的森林群落。

落满了树皮的小径环绕着湖水，成为人们漫步自然环境，欣赏四季景致的最佳场所。在冬天，小径摇身一变成为面向公众开放的越野滑雪道，迎接着来自四方的客人享受休闲时光。

对表层土壤的补充、场地的灌溉以及持续的维护让这片曾经贫瘠的土地成为一片随着季节变换而不断变化的草地，也使景观建筑师的设计渐渐消隐，浑然天成。森林的重现与草甸的繁盛证明了连续性管理策略的成功。

▲ 亲近自然

▲ 草甸管理

案例分析任务表十四

课题：									
项目类型		项目面积		设计师					
项目所在地		年均温度		最高温度		最低温度		年降水量	

任务一：解决问题的方案与方法分析

设计理念		设计成果或解决方式
存在问题与挑战		
业主需求		
设计目标		

任务二：植物栽植分析

群落类型	配置形式	景观作用	观赏特性	美学功能	种类组成

思考题：	1. 本设计中共涉及几种植物群落类型？ 2. 群落组成与生境之间的关系如何？ 3. 本设计提供的景观功能有哪些？
印象最深刻	

学习日期：

二、技能训练

以斑块及斑块组合的形式设计庭院绿地，要求不少于5种群落类型（可以重复）。

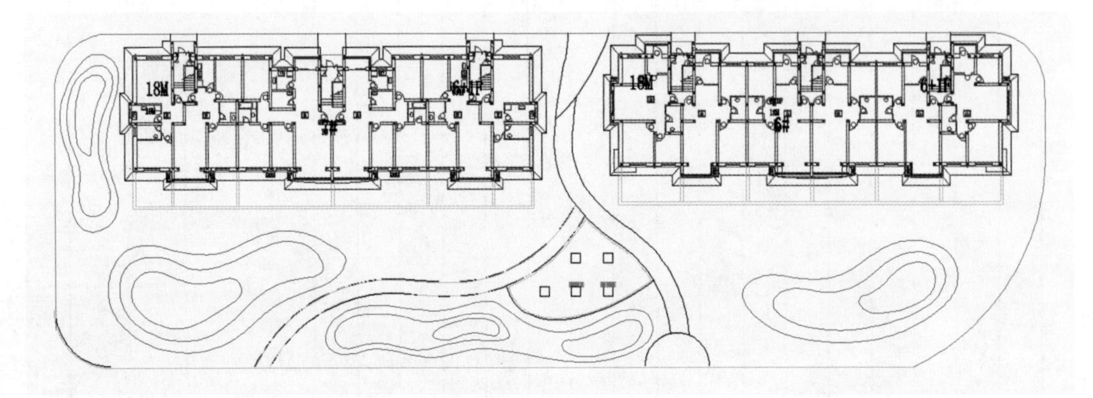

▲ 某楼盘园区待建绿地平面图

三、知识提点

知识点1　森林群落与组成

（1）森林群落的概念

森林群落是指在一定地段上，以乔木和其他木本植物为主，并包括该地段上所有植物、动物、微生物等生物成分所形成的有规律组合，是各种生物及其所在生长环境长时间相互作用的产物，同时在空间和时间上不断发生着变化。

森林群落具有一定的物种组成（又称为种类组成）；具有一定的结构和外貌；具有一定的动态特征；与环境具有不可分割的联系；具有一定的分布范围。

（2）林分组成的分析、模拟

林分组成通常是以各种树种所占的比例，用十分法表示。如某林地十分之六是云南松，十分之四是栎，其林分组成即为6松4栎。

天然林通常是由多种树木组成的，研究时通常要划分为三种类型：①主要树种，是培育的目的树种，经济价值高，防护性能好，多为优势树种；②伴生树种，在一定时期与主要树种相伴而生，为其创造有利条件的乔木树种，具有辅佐、护土和改土作用，多为次要树种；③灌木树种，在一定时期与主要树种生长在一起，为其创造有利条件的树种，具有良好的护土和改土作用，是次要树种。

组成的分析是模拟的基础，只有组成科学合理，才能获得相应的外貌特征。模拟时不仅要注意不同种类的组成，还要注意同种树木的年龄组成，应不同龄级的树木都有，避免年龄一致而过于整齐，失去自然的风貌。

知识点2　生物多样性

生物多样性为生态学术语，是一个描述自然界多样性程度的、内容广泛的概念。通常包括遗传多样性、物种多样性和生态系统多样性三个组成部分。

物种多样性是指地球上动物、植物、微生物等生物种类的丰富程度。物种多样性包括两个方面：其一是指一定区域内的物种丰富程度，可称为区域物种多样性；其二是指生态学方面的物种分布的均匀程度，可称为生态多样性或群落物种多样性。物种多样性是衡量一定地区生物资源丰富程度的一个客观指标。

在阐述一个国家或地区生物多样性的丰富程度时，最常用的指标是区域物种多样性。区域物种多样性的测量有以下三个方面：①物种总数，即特定区域内所拥有的特定类群的物种数目；②物种密度，指单位面积内特定类群的物种数目；③特有种比例，指在一定区域内某个特定类群特有种占该地区物种总数的比例。

从某种意义上说，城市园林景观对于提升生物多样性具有积极的影响。生物多样性是可持续性所包含的任何一种理念的基础。城市可持续规划设计，就需要把了解生物多样性作为基础的职业素养，同时要意识到这种知识在未来将带来巨大的机遇。需要注重植物多样性的保护和建设，创造出多样性的生态系统及物种构成，保证城市园林的稳定性，为人们提供一个层次丰富的既观形又闻香、既赏花又观色的园林生态系统，营造出一个富有地方特色与文化底蕴的现代园林城市景观。

知识点3　可模拟的自然群落景观

大自然的植物种类丰富，群落类型也极为丰富多样，许多具有很高的观赏价值，是园林景观营造时很好的参照与模拟对象。

（1）稀树草原景观

稀树草原是炎热、季节性干旱气候条件下长成的植被类型，其特点是底层连续高大禾草之上有开放的树冠层，即树冠较为开张的稀疏乔木。可以营造舒朗开阔的空间，也可观赏乔木的形态特征。孤立树也可以作为这类景观的特例，用作焦点景物或空间标识。

◀ 非洲的稀树草原景观

▲ 五花草甸景观

（2）五花草甸景观

在大小兴安岭，丛山环抱的低洼地，土壤湿润而肥沃，野花丛生，盛花期间，构成色彩斑斓的五花草甸。其特点是地面开花草本植物组成丰富，且具有明显的季节特征。可作为开阔空间的底界面或观赏对象。

▲ 单种群花地景观

（3）单种群花地景观

在黑龙江省五大连池风景区内有成片的黄花菜和毛百合花，大小兴安岭沿林缘常见绵延不断的铃兰花，青岛市附近山上则有大面积的大花金鸡菊，都是大自然中由单一物种构成的大面积花地景观。可用于营造大面积色块。

▲ 针叶林景观

（4）针叶林景观

针叶林是以针叶树为建群种所组成的各类森林的总称，主要由云杉、冷杉、落叶松等一些耐寒树种组成。其中由落叶松组成的称为明亮针叶林，而以云杉、冷杉为建群树种的称为暗针叶林。针叶林种类丰富且各自特征鲜明，具有很强的地域风格，群体及附近散生个体均有很高的观赏价值。

▲ 针阔混交林景观

（5）阔叶林景观

阔叶林是由阔叶树种组成的树林，种类繁多，常分为落叶阔叶林、常绿阔叶林，有时将针阔混交林也纳入此类景观。常绿阔叶林终年常绿，落叶阔叶林有明显的季相变化，针阔混交林景色丰富多变，均有很高的观赏价值，常构成时令景色与地域景色的观赏主题。

▲ 林缘景观

（6）林缘景观

林缘因树木不均匀斑块分布而呈港湾状曲线；风景林的林冠线则随树种不同和地形起伏而变化，因而林缘线和林冠线都具有韵律感。林缘大多与大面积的草地相接，山花延伸到远方，这种景观美不胜收且变化万千。

▲ 竹林景观

（7）竹林景观

竹林是由竹类植物组成的单优势种群落，在热带、亚热带至暖温带地区分布广泛，而且种类众多，有毛竹、哺鸡竹、淡竹、早竹等。可用于营造视觉引力强劲的纵深空间或者竖向空间，其色彩与细腻的质感和冠层轮廓也具有很好的观赏效果。

（8）溪涧植物景观

一般指石质、土石质山区的溪流，细流涓涓，水声淙淙，沿着山涧和小溪两岸的植物因岩石的错落和生境的变化而变化，富有诗情画意，四季景色迷人，是水景近自然模拟的首选。

▲ 有跌水的溪涧植物景观

▲ 以溪流为主的溪涧植物景观

四、扩展阅读：中国植物种质资源的特点与园林之母

中国国土面积约960万平方千米，横跨多个气候带，这使得植物资源极其丰富，现知的中国高等植物有约2.7万种，在这之中不乏可用于园林景观的观赏植物，因此，中国又被称为世界园林之母。

中国观赏植物种质资源具有如下特点。

① 种类繁多。中国是世界上植物种类非常丰富的国家之一，其中蕨类植物52科，2600种，分别占世界科数的80%和种数的26%；木本植物8000种，其中乔木约2000种。繁多的植物种类为植物种质资源提供了丰富的来源。

② 分布集中。中国植物种质资源分布集中，有西南、中南、东北三个分布中心，其中西南地区是我国植物多样性最高的地区。

③ 类型丰富。中国是唯一具有热带、亚热带至寒温带连续完整的各类植被类型的国家，因此，植物种质资源的类型也更加丰富。

④ 特有成分高。按维管植物分，中国植物特有种占全部植物种类的50%左右，远高于其他北半球温带国家，其中还有许多被称为“植物活化石”的孑遗植物，如水杉、银杉、红豆杉、桫椤、银杏等。

⑤ 栽培品种及类型丰富。中国植物栽培的历史悠久，因此中国原产和栽培的植物常具有变异广泛、类型丰富、品种多样的特点。

⑥ 遗传品质突出。多季开花的种及品种多，早花种类及品种多，珍稀黄色的种类与品种多，奇异类型与品种多。

第四章

环境取象

"源于自然，高于自然"是中国传统园林的审美追求，所形成的园林是造园者心中天地的缩影，是寄托人生理想、抒发高洁志趣的途径。现代园林景观设计也不乏从自然中提取造园要素的精彩之作，也有相应的情感表达和审美取向。从周围环境中提取景观要素，是形成设计的途径，也是确定园林与周边环境关系的手法。本章重点讨论从自然环境中提取造园要素进而组 织形成园林景观的设计方法。

案例十五

保留改造与创作——中山市岐江公园

项目信息

设计者：土人景观，俞孔坚等

项目地点：中国广东省中山市

项目分类：公共空间，雨水花园

教学目标

知识目标：① 掌握从环境中提取设计要素的方法

② 理解土人设计的思路与方法

技能目标：① 具备识别与区分设计要素的能力

② 掌握运用色彩设计的方法

素质目标：① 培养创新设计的意识

② 培养严谨的设计逻辑

一、详述：中山市岐江公园

岐江公园是在广东中山市粤中造船厂旧址上改建而成的主题公园，引入了一些西方环境主义、生态恢复及城市更新的设计理念，是工业旧址保护和再利用的一个成功典范。

1. 场地原始条件

岐江公园位于广东省中山市区，总面积10.3公顷，园址原为粤中造船厂，设计强调足下的文化与野草之美。其中水面3.6公顷，水面与岐江河相连通，而岐江河又受海潮影响，日水位变化可达1.1m。从1953～1999年，粤中造船厂走过了由发展壮大到消亡的简短却可歌可泣的历程。工厂创业时只有200多人，最辉煌的时代曾经有1500人，相对于任何一个中国的大型国企来说，都不算大，但对中山这样一个小城市的居民来说，曾经是一个值得自豪而令人向往的“单位”。作为中国特色社会主义工业化发展的象征，它始于20世纪50年代初，终于90年代后期，几十年间，历经了新中国工业化进程艰辛而富有意义的历史沧桑。特定历史背景下，几代人艰苦的创业历程在这里沉淀为真实而弥足珍贵的城市记忆。

▲ 中山造船厂原貌

▲ 场地现状

作为一个有近半个世纪历史的旧船厂遗址，过去留下的东西很多：从自然元素上讲，场地上有水体，有许多古榕树和发育良好的地带性植物群落，以及与之互相适应的生境和土壤条件。从人文元素上讲，场地上有多个不同时代船坞、厂房、水塔、烟囱、龙门吊、铁轨、变压器及各种机器，甚至水边的护岸，厂房墙壁上有“抓革命，促生产”的标语，正是这些“东西”渲染了场地的氛围。

2. 面临的挑战

这个位于中国南方的小型造船厂的场地包括一个水位波动的湖泊，遗留的树木和植被，以及码头、起重机、轨道、水塔和其他废旧的机械设备，这些因素从三个方面构成了设计挑战：

挑战一：波动的水位。现有的湖泊通过綦江与大海相连，水位每天涨落差高达1.1m。为了应对这一挑战，在不同的海拔建造了一个桥梁网络，并与阶梯状种植床相结合，这样来自盐沼的原生杂草就可以生长，游客可以感受到海洋的气息。

挑战二：在保护河岸老榕树的同时，符合防洪的河宽规定。根据水务局的规定，场地东侧的河流通道需从60m扩大到80m，以保证行洪的需求。这意味着需要拓宽河道，必须砍掉一部分老榕树。设计者的应对措施是在树木的另一边挖一条20m宽的平行沟，形成一个

▲ 公园总体鸟瞰图

完整的岛屿。

挑战三：残锈码头和机械——没有什么像燃气厂或钢铁厂那样巨大或不寻常的。这些元素，如果因为纯粹的保护或生态恢复伦理而保持完整，实际上可能会分散当地居民的注意力或造成滋扰。因此设计者采用三种方法在艺术上和生态上戏剧化使用这些元素的场地精神：保存、修改旧形式和创造新形式。新形式包括一个笔直的路径网络，一个红盒子和一个绿盒子，以一种艺术的方式戏剧化了场地的特点。

3. 规划设计的目标

在废弃的船厂修建公园，确定的设计目标如下：①改善市区景观；②增加休闲娱乐的机会；③为环境及历史教育提供场地；④成为旅游景点。

4. 设计理念

通过设计使旧址保留其历史的印迹，并作为城市的记忆唤起造访者的共鸣，同时具有新时代的功能和审美价值，关键在于掌握改造和利用的强度及方式。从这个意义上讲，设计包括对原有形式的保留、修饰和创造新的形式。

土人设计团队保留了那些刻写着真诚和壮美，但是早已被岁月侵蚀得面目全非的旧厂房和机器设备，并且用人们的崇敬和珍惜将其重新幻化成富于生命的音符。

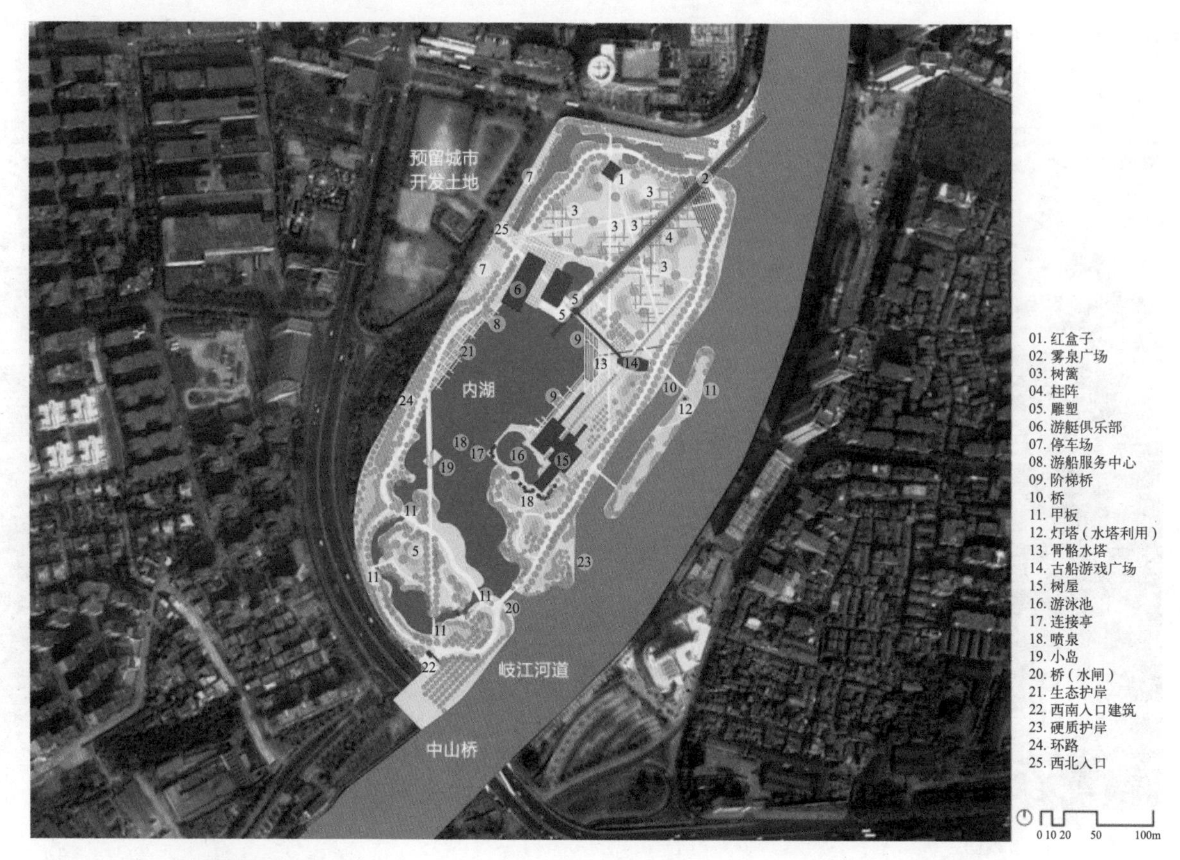

▲ 总体规划图

5. 设计策略与方法

（1）设计策略1：生态湖岸的设计

在水体景观设计中遇到的一个普遍性问题是如何在水位变化较大的情况下，设计一种亲水性的生态护岸。这需要设计者综合运用植物生态知识、水流动力学知识，以及工程技术，而更重要的是认识人性，特别是人与水、人与生物的微妙关系，以实现一个生态化的、人性化的、实用且美的护岸。此处以广东省中山市岐江公园为例，介绍一种栈桥式亲水生态湖岸的设计。建成的效果与设计设想相一致，实现了在水位变化较大的情况下，仍然具有亲近人、生态和美的效果。

水位变化下的生态与亲水设计所面临的主要问题有两个：一是湖水水位随岐江水位变化而变化；二是湖底有很深的淤泥，湖岸很不稳定。现状的情况是在高水位时，湖水近岸，岸上植被与水线相接，有良好的视觉效果，而这种高水位却只能维持很短时间，水位下降时，湖边淤泥出露，人也难以亲近。因此，设计师面临的挑战是如何在一个水位多变、地质结构很不稳定的情况下，设计一个植被葱郁的生态化的水陆边界，并使人能恒常地与水亲近，使“水–生物–人”得以在一个边缘生态环境中相融共生。同时，这个生态设计必须是美的，只

▲ 梯田式种植台

▲ 临水栈桥

▲ 梯田式种植台及步道，不仅可以应对水位的波动，而且能让人们体验植物多样性

有美的生态，才能唤起使用者的认同。面对以上问题，除了解决工程上的固土护岸问题外，本设计提出了三个基本目标：即亲水、生态和优美。

① 梯田式种植台：在最高和最低水位之间的湖底修筑3～4道挡土墙，墙体顶部可分别在不同水位时淹没，墙体所围空间回填淤泥，由此形成一系列梯田式水生和湿生种植台，它们在不同时段内完全或部分被水淹没。

② 临水栈桥：在此梯田式种植台上，空挑一系列方格网状临水步行栈桥，它们也随水位的变化而出现高低错叠落的变化，都能接近水面和各种水生、湿生植物和生物。同时，允许水流自由升落，而高挺的水际植物又可遮去挡墙及栈桥的架空部分。人行走其上恰如漂游于水面或植物丛中。

③ 水际植物群落：根据水位的变化及水深情况，选择乡土植物形成水生–沼生–湿生–中生植物群落带，所有植物均为野生乡土植物，使岐江公园成为多种乡土水生植物的展示地，让远离自然、久居城市的人们能有机会欣赏到自然生态和野生植物之美。随着水际植物群落的形成，许多野生动物和昆虫也得以栖居、繁衍。所选野生植物包括：水生的荷花、茭白、菖蒲、旱伞草、慈菇等；湿生和中生的芦苇、象草、白茅和其他茅草、苦荬等。

（2）设计策略2：保留

① 自然系统和元素的保留：水体和部分驳岸都基本保留原来的形式，全部古树都保留在场地中。为了保留江边十多株古榕树，同时满足水利防洪对过水断面的要求，设计方案开设支渠，形成榕树岛。

② 构筑物的保留：两个分别反映不同时代的钢结构和水泥框架船坞被原地保留；一个红砖烟囱和两个水塔，也就地保留，并结合在场地设计之中。

③ 机器的保留：大型的龙门吊和变压器等许多机器被结合在场地设计之中，成为丰富场所体验的重要景观元素。

（3）设计策略3：改变——加与减的设计

① 加法的设计之一：琥珀水塔。一座20世纪50～60年的水塔，再普通不过，但当它被

▲ 公园设计组对所有这些“东西”，以及整个场地，都逐一进行测量、编号和拍摄，研究其保留的可能性

▲ 超现实的脚手架

▲ 龙门吊

罩进一个泛着现代科技灵光的玻璃盒后，却有了别样的价值。时间被凝固，历史有了凭据，故事从此衍生。同时，岛上的灯光水塔又起到引航的作用。琥珀塔顶部的发光体利用太阳能将地下的冷风抽出，以降低玻璃盒内的温度，而空气的流动又带动了两侧的时钟运动。

② 加法设计之二：烟囱与龙门吊。一组超现实的脚手架和挥汗如雨的工人雕塑被结合到保留的烟囱场景之中，戏剧化了当时发生的故事，龙门吊的场景处理也与此相同。富有意义的是，脚手架与工人的雕塑也正是公园建设过程场景的凝固。

③ 加法设计之三：船坞。与琥珀塔的外加现代结构相反，在保留的钢架船坞中以抽屉式插入游船码头和公共服务设施，使旧结构作为荫棚和历史纪念物而存在。新旧结构同时存在，承担各自不同的功能，形式的对比是过去与现代的对白。

④ 减法设计之一：骨骼水塔。不同于琥珀水塔的加法，场地中的另一个水塔则采用了减法设计：剥去其水泥的外衣，展示给人们的是曾经彻底改变城市景观的基本结构——线性的钢筋和将其固定的节点。它告诉人们，无论工业化的城市多么丑陋，或者多么美丽动人，其基本结构都是一样的。

⑤ 减法设计之二：机器肢体。除了大量机器经艺术和工艺修饰而被完整地保留外，大部分机器都选取部分机体保留，并结合在一定的场景之中。一方面是为了儿童的安全考虑，另一方面则试图使其更具有经提炼和抽象后的艺术效果。

（4）设计策略4：再现——全新的设计

为了能更强烈地表达设计者关于场所精神的体验，以及更诗化地讲述关于场地的故事，同时能满足现代人的使用功能，设计师需要创造新的、现代的语言和新的形式。在本项目中，设计师审慎地做了一些尝试，包括白色柱阵、锈钢铺地、方石雾泉。

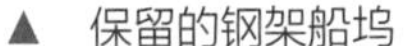
▲ 保留的钢架船坞

▲ 骨骼水塔

▲ 机械肢体

① 线路网。这种新的形式彻底抛弃了传统中国园林的形式章法以及西方形式美的原则，表达了对大工业，特别是发生在这块土地上的大工业的理解：无情的切割、简单的两点之间最近原理、普遍的牛顿力学原理、不折不扣的流水线和最基本的经济学原理。同时，直线路网满足了现代人高效和快捷的需求及愿望，使新的形式有了新的功能，同时传达了场地上旧有的精神。

② 红色记忆。这是一个装置艺术作品，该装置由一个红色的敞口铁盒围成，内有一潭清水。它的一角正对着入口，任意两条笔直的道路直插而过，如锋利的刀剪，无情地将一个完整的盒子剪破。其中一条指向“琥珀水塔”，另一条指向“骨骼水塔”。盒子外配植白茅——当地的野草，渲染着洪荒与历史的气氛；两株高大的英雄树——木棉，则高唱着英雄主义的赞歌。

▲ 铁轨与白色柱阵

▲ 铁轨旁的雾泉广场

◄ 不同视角的红盒子

③ 绿房子。一些由树篱组成的5m×5m模数化的方格网，它们与直线的路网相穿插，树篱高近3m，与当时的普通职工宿舍房子相仿。围合的树篱，加上头顶的蓝天和脚下的绿茵，为一对对寻求私密空间的人们提供了不被人看到的场所。但由于一些直线非交通性路网的穿越，又使巡视者可以一目了然，从而避免不安全的隐蔽空间。这些方格绿网在切割直线道路后，增强了空间的进深感，与中国传统园林的障景手法异曲同工。

▲ 树篱和树木构成的绿房子

④ 中山美术馆。中山美术馆是岐江公园的主体建筑，楼高两层，建筑面积2500m^2。该馆的外形设计也是以工业元素为主题，与公园景观风格一脉相承。该馆的外墙采用柠檬黄色的水泥立柱，上架铁青色的工字钢钢架，并用大幅的落地玻璃相间其中，整个设计如同一个工厂车间。

▲ 中山美术馆

6. 建成效果

岐江公园是我国城市对工业旧址加以景观化处理达到更新利用的一个成功典范，留下了很多成功经验值得借鉴，主要有以下几个方面：

① 水位变化——滨水地段的栈桥式水际设计；

② 江河防洪过水断面拓宽采用挖侧渠而留岛的设计；

③ 废弃产业用地元素的保留、改造和再利用的设计。

▲ 使用公园的人们

案例分析任务表十五

<table>
<tr><td colspan="8">课题：</td></tr>
<tr><td>项目类型</td><td></td><td>项目面积</td><td></td><td>设计师</td><td colspan="3"></td></tr>
<tr><td>项目所在地</td><td></td><td>年均温度</td><td></td><td>最高温度</td><td></td><td>最低温度</td><td></td><td>年降水量</td><td></td></tr>
<tr><td colspan="10">任务一：解决问题的方案与方法分析</td></tr>
<tr><td>设计理念</td><td colspan="4"></td><td colspan="5">成果或解决方式</td></tr>
<tr><td rowspan="3">存在问题
与挑战</td><td colspan="4"></td><td colspan="5"></td></tr>
<tr><td colspan="4"></td><td colspan="5"></td></tr>
<tr><td colspan="4"></td><td colspan="5"></td></tr>
<tr><td rowspan="2">业主需求</td><td colspan="4"></td><td colspan="5"></td></tr>
<tr><td colspan="4"></td><td colspan="5"></td></tr>
<tr><td rowspan="2">设计目标</td><td colspan="4"></td><td colspan="5"></td></tr>
<tr><td colspan="4"></td><td colspan="5"></td></tr>
<tr><td colspan="5">任务二：环境要素提取分析</td><td colspan="5">任务三：该景观能满足的游憩游赏行为分析</td></tr>
<tr><td>自然要素</td><td colspan="4"></td><td colspan="5"></td></tr>
<tr><td>人文要素</td><td colspan="4"></td><td colspan="5"></td></tr>
<tr><td>基本形状、组合形状</td><td colspan="4"></td><td colspan="5"></td></tr>
<tr><td>色彩、质感</td><td colspan="4"></td><td colspan="5"></td></tr>
<tr><td>思考题</td><td colspan="9">1. 设计师在哪些地方运用了补色的设计？　2. 工业遗址保护的景观设计一般包含哪些内容？
3. 你认为设计师运用的加法和减法设计分别适用什么条件？如果按照趣味性、参与性、知识性三者判断其成果，本案哪些设计合理？</td></tr>
<tr><td rowspan="2">印象最深刻</td><td colspan="9"></td></tr>
<tr><td colspan="9"></td></tr>
</table>

学习日期：

二、技能训练

生态驳岸模型制作。

材料：5mm雪弗板、PVC胶水。

工具：锯子、裁纸刀、50cm钢尺、100cm工字尺。

参照对象：如下图所示。

▲ 某河道的生态驳岸实景照片

三、知识提点

知识点1　工业遗址景观保护

随着时代的发展，城市人口逐渐增多，城市经济发展越来越快，城市用地也越来越紧张，为城市做过杰出贡献的工业产业因产业衰落或厂房升级，搬迁到城市郊区或倒闭，出现大量废弃的工业用地和工业遗址。这些工业遗址、文化遗产、历史遗迹被新的产业或住宅更新替代。其中部分遗址还残留至今，变成了荒地。从历史的角度来看，工业遗址是记录城市发展的重要依据，它代表着一些城市曾经的辉煌时刻，也是工业文明发展的重要标志。从文化角度看，工业遗址承载着老一辈人的记忆，有着曾经生活和文化活动、生产活动的痕迹，在建筑风格上也有着工业文明的独特特征。因此，大量工业遗址的消失使城市文化和历史缺失。

如何对工业遗址进行改造，并且在工业遗址公园中赋予历史故事，需要探讨和提出深入的设计方式。尝试将叙事学的方法论融入工业遗址景观设计中，用叙事学的叙事方法、修辞手段指导景观设计。叙事策略大致可以将工业遗址景观叙事分为以下几个方面：①叙事的保留，即以上三个项目针对旧厂遗存的设备、建筑、植物和交通进行分析及筛选，最终确定保留和遗弃；②叙事的顺序和层积，即德国杜伊斯堡风景公园的空间叙事通过铁轨结合高架廊道作为整个公园的最高层，它贯穿整个园区形成的交通线型叙事；③叙事的修辞，即岐江公园的设计通过路网、柱阵和装置等隐喻场景中的内涵和历史；④感官叙事，即在布鲁克林多米诺糖厂中设计师通过喷雾装置模拟糖厂加工糖的过程，在视觉、触觉和嗅觉等感官上再现了曾经的场景氛围。

知识点2　补色与红色运用

在约翰内斯·伊顿先生设计的色彩环形轮上，对比色（互补色）是每条直径两端上的色彩。互补色还具备两种特征：

① 两种互为对比的颜色如红色和绿色，靠近并置在一起时，它们各自的色彩都在视觉上加强了饱和度，显得色相和纯度更强烈；

② 这两种色彩调和后成为明度与纯度都降低的中性灰黑色，这种灰黑色是这一组对比色互相连接得最调和的颜色。

知识点3　装置艺术

装置艺术，是指艺术家在特定的时空环境里，将人类日常生活中已消费或未消费过的物质文化实体进行艺术性的有效选择、利用、改造、组合，以令其演绎出新的展示个体或群体丰富的精神文化意蕴的艺术形态。简单地讲，装置艺术就是“场地+材料+情感”的综合展示艺术。

装置艺术现已成为景观设计师广泛运用的一种手段。在景观设计中体现某一特定主题的要素是装置艺术与景观作品的融合；是景观设计表达某种体验，成为诠释景观环境的重要方法；是与人们思想交流的载体，以此来提升整个景观环境的品质。

▲ 秦皇岛市汤河公园

▲ 中山市岐江美术馆

▲ 装置艺术

四、扩展阅读：景观设计与红色记忆

在中国现当代的发展中，中国共产党领导广大人民进行新民主主义革命期间形成了大量的历史痕迹，包括革命历史遗迹、重要事件遗址、革命文物、烈士陵园及名人故居等。这些物质性空间是指红色革命精神瑰宝的载体，是培育社会主义核心价值观最值得珍视的资源。

红色艺术遗产作为红色革命历史空间形态的存在形式，是一种以物质形态为基础，通过现实情境所展示出来的信息资源和精神资源，是能够为我们今天所开发的、具有重要价值意义的各种精神及其物质载体的总和。在目前城市化环境设计中，应该善于巧妙地组织红色艺术遗产中的自然要素与人工要素，创造出源于自然又融合于自然的和谐环境。

案例十六

沙漠的启示
——阿拉伯索沃广场

项目信息

设计者：玛莎·施瓦茨事务所
项目地点：阿联酋，阿布扎比
项目分类：生态环保，广场

教学目标

知识目标：① 掌握从环境中提取设计要素的方法
② 理解设计师的思路与组织方法
技能目标：① 从背景环境提取设计要素的能力
② 初步具备整合与组织设计要素的技巧
素质目标：① 培养尊重自然的意识
② 培养严谨的设计逻辑

一、详述：索沃广场景观

城市公共景观是城市中最开放的空间，超越所有“开放的建筑”而存在，这些景观同时也是城市体验中相当重要的部分。美丽葱郁的现代公共广场是城市版图上的珍珠，若这些珍珠额数量众多，彼此关联，那么它们会将城市映照得格外光彩动人。

索沃广场位于阿布扎比Al Maryah岛上，是阿布扎比Al Maryah岛（旧称索沃岛）总体规划中的首个开发项目，也是该岛开发的核心。这个处于新商业中心的城市景观设计杰作为人们提供了一个绿色的休憩之所。索沃广场占地不大，是商业中心里几栋商业楼宇之下的开放广场。见缝插针的空间之中，精心布置着微地形、植物、水、铺装、户外家具等各项要素，创造出具有浓郁当地风格、十分具有清凉活力的现代广场空间。

设计师首先对场地的行人、车辆及环境进行了调查分析，而后开始制定景观设计策略。笔直的人行道和弯曲的机动车道勾勒出公共空间的整体轮廓，设计师通过一些设计填充空白区域，使空间结构变得丰富。索沃广场是阿布扎比Al Maryah岛上非常重要的公共空间，为这里提供了一片绿意盎然的休憩之地。

设计师从大自然和阿拉伯半岛固有文化中汲取了设计灵感：连绵起伏的岛状沙丘，地下和石头缝隙中的传统灌溉系统，绿洲，贝多因人层层包裹的头巾和有着卷草花纹的大幅纺织品，阿联酋随处可见的精心修剪的树篱，以及法国巴洛克城堡花园的中轴对称和繁复的图案纹样。

现代的响应式设计将这些元素融为一体，创造出一个可持续的、清凉的和受保护的微气候；从周围的高楼俯瞰广场，栽种的绿植和花纹路面形成了如万花筒般变幻的动态景观。

大大的绿植小丘构成广场的主题结构。这些室外空间中精心组织的小丘，可以抵挡来自波斯湾寒冷的西北大风，因而降低人行步道的风力；同时或聚或散，弯曲组合，在高耸的钢筋混凝土建筑物中间形成了多个亲密的空间。聚集的小丘组合形成的装饰性图案，将整个广场编织成一张风格浓郁的大地毯。

▲ 索沃广场给人们带来一个绿色的休憩之所

为了制造清凉的感觉，设计师在包裹绿植小丘的长石凳上运用了水元素。休息的人们可以和水来一次亲密的接触，十分有趣！石凳中间是带有纹理的凹槽，创造了一种动态的水流效果。为了最大限度利用有限的资源、减少蒸发，场地中布置了类似中东地区古老狭窄的灌溉水渠。夜晚，底部集成照明装置投射的灯光让石凳散发出无限活力，灯光勾勒出绿植小丘的剪影，将光滑的“地毯”广场渲染得分外美丽！

该项目因其创新的可持续设计获得了LEED金奖。陡峭的倾斜小丘创造了比水平方向高出1.45倍的绿色空间。竖向种植能100%地利用灌溉水分，极大地节约了水资源。

▲ 绿色的山丘分隔出不同的休憩空间

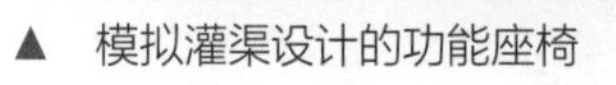

▲ 模拟灌渠设计的功能座椅

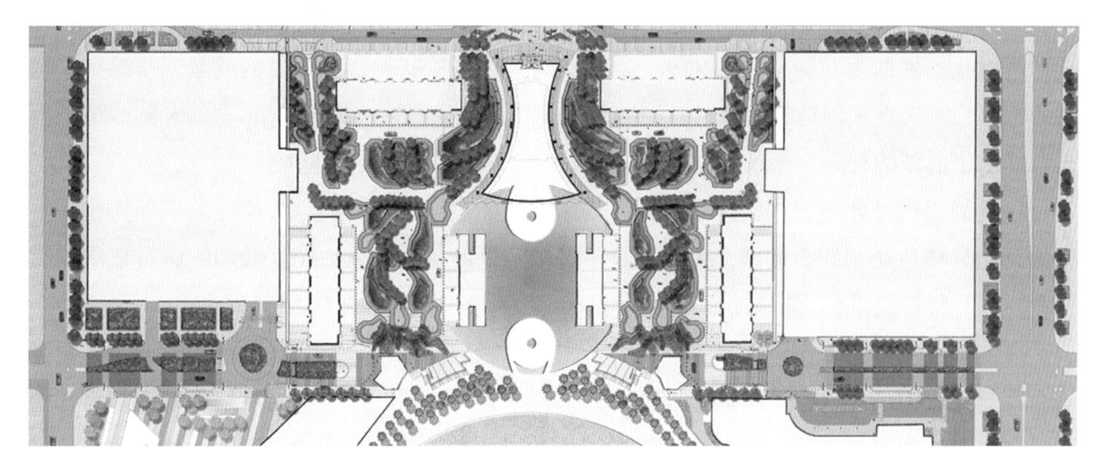

▲ 总平面图

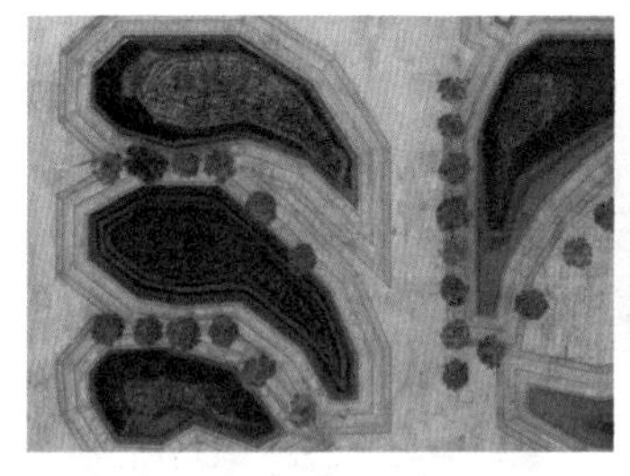

▲ 沙丘与绿篱形态的栽植

◄ 网格状铺装与簇状植物栽植

玛莎·施瓦茨团队的设计充分考虑了当地文化和环境条件，同时极具创新性，让人眼前一亮！宏大的图案和让人印象深刻的形式让索沃广场成为阿布扎比的新地标。

种植策略形成了整体的设计语言，打造了一个真正亲民的城市广场。绿植小丘、繁茂花园、树木等景观的位置、大小和颜色配置共同标示出公共空间的不同区域，充当着隐形路标的角色。每一种植物在形成广场整体风格的同时又代表了本区域单元的特色。

广场入口处栽种了低矮树篱、地被植物和青草，使得广场视野非常开阔，构建了一个规则式的广场入口。草场上，小草跟着微风翩翩起舞，随着季节变换着面容。

网格状的地面上栽种着小簇树木，点缀着现有的景观布局。树冠修剪成型，与遍布广场的绿植小丘和天蓬式构造相呼应。栽种的印度无花果和尼提达榕树形成3m宽的开阔步道，为人们提供了清晰的视野；繁茂的枝叶遮住了炙热的阳光，洒下片片阴凉。

小丘的绿植设计十分大胆。堆体表面栽种着颜色和纹理均存在巨大反差的不同植物——如盛开明亮橘色花朵的金缕梅，旁边即是生长精致紫叶的紫夫人血苋。栽种的所有植物均有生命力强、维护要求低、抗旱抗热的优点。

在混凝土平台上造景带来了承重问题、土壤厚度限制问题、与建筑工程的协调性问题等一系列挑战。为了解决这些难题，设计师为绿植小丘设计了一个悬挂式的结构框架，内部填充轻质土壤作为种植基质。路面由花岗岩铺砌而成，颜色精心布置成贝多因地毯的图案，长凳由打磨精细的花岗岩块制成。

▲ 打磨精细的花岗岩长凳

▲ 绿色的小丘

▲ 索沃广场的夜色

案例分析任务表十六

<table>
<tr><td colspan="10">课题：</td></tr>
<tr><td>项目类型</td><td></td><td>项目面积</td><td></td><td>设计师</td><td colspan="5"></td></tr>
<tr><td>项目所在地</td><td></td><td>年均温度</td><td></td><td>最高温度</td><td></td><td>最低温度</td><td></td><td>年降水量</td><td></td></tr>
<tr><td colspan="10">任务一：解决问题的方案与方法分析</td></tr>
<tr><td>设计理念</td><td colspan="4"></td><td colspan="5">成果或解决方式</td></tr>
<tr><td rowspan="3">存在问题
与挑战</td><td colspan="4"></td><td colspan="5"></td></tr>
<tr><td colspan="4"></td><td colspan="5"></td></tr>
<tr><td colspan="4"></td><td colspan="5"></td></tr>
<tr><td rowspan="2">业主需求</td><td colspan="4"></td><td colspan="5"></td></tr>
<tr><td colspan="4"></td><td colspan="5"></td></tr>
<tr><td rowspan="3">设计目标</td><td colspan="4"></td><td colspan="5"></td></tr>
<tr><td colspan="4"></td><td colspan="5"></td></tr>
<tr><td colspan="4"></td><td colspan="5"></td></tr>
<tr><td colspan="5">任务二：环境要素提取分析</td><td colspan="5">任务三：该景观能满足的游憩游赏行为分析</td></tr>
<tr><td>自然要素</td><td colspan="4"></td><td colspan="5"></td></tr>
<tr><td>人文要素</td><td colspan="4"></td><td colspan="5"></td></tr>
<tr><td>基本形状、组合形状</td><td colspan="4"></td><td colspan="5"></td></tr>
<tr><td>色彩、质感</td><td colspan="4"></td><td colspan="5"></td></tr>
<tr><td>思考题</td><td colspan="9">1. 本案设计从背景环境中提取了哪些元素？分别进行了哪些变形处理？
2. 本设计是如何做到在沙漠中创造一个清凉的世界的？　3. 本设计如何体现了与环境的相通性？</td></tr>
<tr><td rowspan="2">印象最深刻</td><td colspan="9"></td></tr>
<tr><td colspan="9"></td></tr>
</table>

学习日期：

二、技能训练

从下面的新月形沙丘图片中提取视觉要素，运用到园林景观的六个构成要素中，形成设计。

▲ 新月形沙丘

	园林六要素	设计成果
	地形	
↗	水体	
新月形沙丘 →	植物	
↘	建筑	
	道路铺装	
	园林小品	

三、知识提点

知识点1　玛莎·施瓦茨关于几何形状的运用

“我作为艺术家，趣味常体现在几何形体的神秘品质和它们相互的关系上。”玛莎·施瓦茨说。她认为直角和直线是人类创造的，当在园林中加入几何感的秩序时也为园林中加入了人的思想，几何形清晰地界定了一个人造的和非自然的环境。如果想在天生混乱的自然中看到或读到什么，最快的方法就是在那里加入几何感的秩序。几何图形还是城市肌理的延伸，是建筑物在现存的网格中扩张的方式。她对几何形的应用还因为室外空间的混乱天性以及需要为人们提供在空间中定位的方法。人们在从未经历的阿米巴形或自然的形式中很容易迷失，却容易记住一个圆形或方形的样子。

“在已知建成环境的性格时，在园林中应用几何形状比起由自然主义的弯弯曲曲、频繁移动和颤颤巍巍的线条所引起的迷失要更人道些。”于是，在玛莎·施瓦茨设计的平面中，大量出现圆形、方形、直线、网格、条形铺装和椭圆形的土丘，具有强烈的秩序感的同时，又很容易融入城市的大环境。

玛莎·施瓦茨这种平面构图的系列化和秩序感，简化与精练，在形式上与极简主义具有相似的面孔。但是深入了解之后，她设计的平面常常具有与基址文脉相关的含义，使景观不仅可视，还使它因具有意义而充满生机。

▲　费姆国际游泳馆的设计方案，条形平面使人联想到游泳池中的赛道，起伏的草地象征着海浪

▲　默斯考中心设计竞赛(Moscone Center Competition)中，铺装借鉴美国传统被子，这个隐喻象征将无关联的碎片拼补在一起，创造一种永久的美和有价值的东西。这个被子广场也体现了旧金山地区丰富多彩的、马赛克状的人文特色

知识点2 节水灌溉技术

节水灌溉是以最低限度的用水量获得最大的产量或收益，也就是最大限度地提高单位灌溉水量的农作物产量和产值的灌溉措施。主要措施有渠道防渗、低压管灌、喷灌、微灌和灌溉管理制度等。

喷灌是指利用管道将有压水送到灌溉地段，并通过喷头分散成细小水滴，均匀地喷洒到田间，对作物进行灌溉。它作为一种先进的机械化、半机械化灌水方式，在很多发达国家已广泛采用。

滴灌是指利用塑料管道将水通过直径约16mm毛管上的孔口或滴头送到作物根部进行局部灌溉。它是干旱缺水地区最有效的一种节水灌溉方式，其水的利用率可达95%。

微喷是新发展起来的一种喷灌形式，微喷又分为吊挂微喷、地插微喷。微喷特别适合在农业温室大棚内使用，它比一般喷灌更省水，可使水更均匀地喷洒于作物上。它是通过PE塑料管道输水，经微喷头喷洒进行局部灌溉的，可以扩充成自动控制系统，同时结合施用化肥，提高肥效。

▲ 滴灌

▲ 喷灌

▲ 微喷

四、扩展阅读：卷草纹——纵贯古今、横贯东西的传统图案

卷草纹是中国传统图案之一。多取忍冬、荷花、兰花、牡丹等花草，经处理后做“S”形波状曲线排列，构成二方连续图案，花草造型多曲卷圆润，通称卷草纹。因盛行于唐代，故又名唐草纹。

据国外有关东方地毯的书籍记载，波斯曲线写实图案于16世纪初才在波斯地毯图案中出现，并成为流行的图案流传到今天。在这类地毯中，有许多花纹是从中国传去的，因此，也有人认为这类地毯起源于中国，只是在波斯设计师的手中，经过精心的修改并加进了波斯的色彩，从而成为具有中东风格的图案。然而，在波斯地毯图案中，至今仍然保留着许多与中国地毯图案完全相同的花纹。可分三种类型，即中心主花纹、边角花纹和填充装饰纹。这种平面图案也出现在欧洲花园的绿篱造型中。

▲ 巴洛克园林中的卷草纹花坛

▲ 地面铺装中的卷草纹

案例十七

丰富的变化
——南宁园博园采石场花园

项目信息

设计者：多义景观，王向荣等

项目地点：中国广西，南宁市

项目分类：休闲娱乐，生态修复

教学目标

知识目标：① 掌握从环境中提取设计要素的方法

② 理解创造丰富形式的思路与方法

技能目标：初步具备创造变化的能力

素质目标：① 培养创新设计的意识

② 培养严谨的设计逻辑

一、详述：南宁园博园采石场花园

2018年，中国国际园林博览会在南宁市举办。园博园选址于城市郊区的一片滨河的丘陵农业区，但场地东南区域分布着一系列的采石场。组委会希望将这些采石场转变为园林博览会中有特色的园林，成为展览的一部分。该项目的设计面积约33公顷。场地上共有7个采石场，有的已停采了几年，有2个直到园博会申办成功时才停止开采。由于开采采用的是爆破方式，因此开采面崖壁破碎，坑底高低不平。采石场留下的是破碎的丘陵、高耸的悬崖、荒芜的地表、深不见底的水潭、成堆的渣土渣石，以及生锈的采石设备。

设计面临着一系列巨大的挑战：采石场地质情况复杂，岩壁破碎，有崩塌落石的可能，有不可预知的安全隐患；采石场生态环境破坏严重，植被的修复面临很大挑战；采石坑的地貌极其复杂，无法依据现状测绘图纸进行设计；采石坑的水位一直在变化，尤其是最后停采的2个采石场，水位一直在持续上升，没有有效的水文数据可供参考。

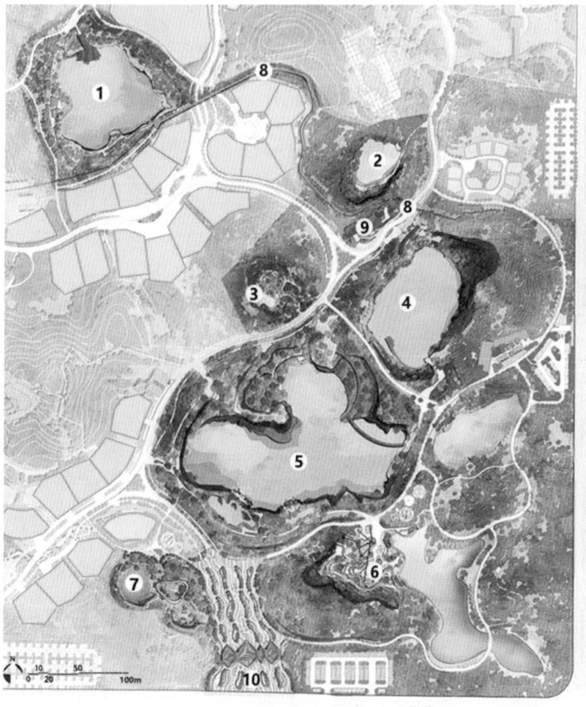

1. 采石场1号：落霞池
2. 采石场2号：水花园
3. 采石场3号：岩石园
4. 采石场4号：峻崖潭
5. 采石场5号：飞瀑湖
6. 采石场6号：台地园
7. 采石场7号：双秀园
8. 渡槽
9. 信息指示
10. 园博园南入口

▲ 场地分析图和设计总平面图

▲ 现状条件

为了精确地开展设计，设计师通过无人机航拍扫描，得到所有采石场的三维数字模型，使设计得以从始至终在三维空间上进行。设计师还委托当地机构每半个月记录一次每个坑中水位变化的情况，为设计提供依据。同时，设计师根据不同采石场植被恢复的目标引入土壤，形成不同土壤厚度的种植区域，为恢复生境创造条件。在设置设施和参观路径的时候将安全性放在首位，在突出采石场景观特色的同时避让危险区域。7个采石场看起来很相似，但实际上每个采石场的尺度、形态和特征都不相同。针对不同的场地特征，设计采用了差异化的植被修复方法和人工介入方式。

1. 1号采石场（落霞池）

这个面积约1hm²的采石场，由于停采之后地下水渗出，形成了一个由岩石包围的宁静池塘，被附近村民用于养鱼。环绕池塘的石壁雄浑厚重，非常符合中国传统艺术对岩石的审美。设计试图体现中国传统的风景美学。一个不规则形状的木结构建筑被嵌入池塘边缘的岩石豁口中，其结构形式从当地的乡土建筑中获得灵感。

从陆地到水面，建筑从狭长的廊转变为水边的亭子。为适应水位的变化，亭子的地板是浮动的。游客在这里可以欣赏对面的岩壁和瀑布。瀑布为这个采石坑增加了景观的动态变化，潺潺的水声增添了宁静悠远的气氛。水岸的一条小径联系了4处不同标高的平台，为人们提供了从不同的角度观赏岩石、瀑布和建筑的场所。水边岩石上种满了红色的三角梅，悬垂下来，倒映在池塘中。

▲ 景观要素呈现出中国传统诗意的风景美学

▲ 亭子的结构形式从当地的乡土建筑中获得灵感

◀ 2号采石场被设计成湿生植物花园

◀ 一条路径连接了山崖上方的水渠栈道与采石坑底部的平台

2. 2号采石场（水花园）

采石场面积仅为0.4hm²，四周岩壁环绕，坑底较平缓，低处常年有积水，是周围村庄中鸭子的嬉戏乐园。

设计师将其设计为湿生植物花园（水花园）。覆土形成的缓坡从浅水区一直延伸至岸上，种植了40多种水生和湿生植物。在地势较高处设计了两层台地，种植乔灌木，为花园创造了背景，也遮挡了破碎的岩壁。山崖上方有路径与采石坑底部连接，最高的一段是封闭的木盒，既是安全的步行通道，也是一个空中观景台，人们可在此欣赏岩壁，俯瞰花园。木盒下方有一个宽大的平台，平台引出的之字形钢格栅栈道从湿生植物种植区穿过。

3. 3号采石场（岩石园）

这个0.4hm²的采石场基址呈碗状，三面环绕岩壁，一侧地面堆放了大量渣石和渣土。受到岩石缝隙中萌发的植物的启发，设计师将这个采石场设计为精致的岩石园。将原有的渣石和渣土整理后塑造出地形的骨架，然后在上面覆盖种植土。微妙的地形变化不仅创造出干燥和湿润等不同的生境，为不同植物生长提供条件，而且把场地雨水收集到最低的凹陷区。

紧邻主园路设计了几层尺度亲切、变化丰富的台地来化解高差。台地上种植了仙人掌和多肉多浆等沙生植物，营造出极富特色的沙漠植物景观。中间缓坡区展现荒原植物景观。底部凹陷区被设计为湿生岩石园，有溪流层层跌落至最低处的池塘。两个标高不同的平台位于凹陷区的边缘，人们可以倚靠栏杆观赏溪流跌水。

4. 4号采石场（峻崖潭）

采石场停采之后渗透出来的地下水汇成一个面积约1hm²的碧绿澄澈的水潭。设计师在南北两侧主要观赏点设置了平台。北侧的观景台是一个位于采石场边缘的耐候钢长廊，内部朝向采石场打开了一长条带形窗，在此可以望见对面高出水面40多米的高耸险峻的悬崖。长廊南端悬挑在岩壁上，站在玻璃栏杆内侧可以俯瞰脚下的一池碧水和对面的滨水平台，惊险刺激。采石坑南侧，一个楔形平台从山石的一个豁口探出，悬挑于碧水之上，一条曲线的栈桥从平台引出，连接低处的滨水平台。坑体周围和坑内缓坡处通过覆土，种植南洋杉和乡土灌木及草本植物，使采石场有了生机并衬托出崖壁的险峻。

▲ 采石场基址呈碗状，三面环绕岩壁

▲ 采石场设计为精致的岩石园

▲ 变化丰富的台地与沙漠植物景观

▲ 4号采石场俯瞰

▲ 悬于峭壁之上的耐候钢长廊

5. 5号采石场（飞瀑湖）

这个面积最大的采石场约3.2hm²，开采深度也最深，达28m，底部呈现几层岩台，崖壁破碎。随着地下水逐渐蓄积，水位不断上升。根据水位观测和分析，设计师判断最终整个采石坑将成为一片湖面。设计师通过覆土将采石坑底部两片开采深度相对较浅的区域抬高到水面之上，并种植耐湿高大乔木，如池杉和水松，形成水上丛林，为荒凉的坑体内部带来绿色和生机。

然后用不同高度的栈桥引导人们进入采石坑内部，穿越水面和树林，通往岬角高处的观景台，在下降和攀登的探索中体验空间和景观的变化。

为了增加景观的丰富性，栈桥对面的崖壁上设计了飞流而下的瀑布，人们可以在桥上观赏到精彩的瀑布景观。

▲ 不同高度的栈桥引导人们进入采石坑内部

▲ 栈道通往山坡高处的观景台

6. 6号采石场（台地园）

6号采石场一侧是采石场崖壁，另一侧是乡村水塘，面积为0.7hm²。场地上有制砂生产线的全套设备，展现着场地采石工业的历史。它被塑造成具有后工业气氛的浪漫绚丽的台地花园。

▲ 具有后工业气氛的浪漫绚丽的台地花园

几层台地沿南侧崖壁蜿蜒展开，它们的覆土厚度满足了不同植物生长的需要。机械设备大部分被置于绿地之中，生机勃勃的植物与锈迹斑斑的机械形成有趣的对比。道路在不同高度的台地中和原有高架传送带下方曲折穿过，路边设置了舒适的木质靠背椅供人休息。

▲ 不同覆土厚度的台地满足不同植物生长的需要

7.7号采石场（双秀园）

这是位于一座小山两翼的两个1000多平方米的小采石坑，一个较深，终年有水；另一个较浅，有季节性积水。因为废弃了若干年，两个坑的石缝里长出了各种乡土先锋植物，景观朴野自然。设计时没有采用过多的人工干预，只在两个坑体中间未被开采的山坡上设置了一圈环形栈道，让游人在这里俯视两侧的采石坑，让人们了解在矿坑修复中自然的力量和作用。在西侧坑体边缘设了一个临水小平台，与山上的环形栈道相呼应。栈道和平台都采用钢格栅的材料，透光透水，不会影响场地自然植被的恢复。

通过契合场地地貌和景观特征的设计，7个岩石破碎、荒凉的采石场转变成为园林博览会上独特的系列花园，展现了采石场生态修复的可能性和景观艺术的不同维度。它们所展现出来的思想和方法，不仅仅在采石场修复项目中，而且在更广泛的景观实践中具有示范的价值。场地上原有一道水渠，是场地农业历史的见证。

设计师在设计中保留了水渠，将它作为该区域几个水面的补水水源，延续它原有的功能，并在水渠上方架设高架步行桥，与相邻采石场花园的游览路径连接起来，形成该区域独特的立体游览体系。

▲ 7号采石场山顶的环形栈道和平台

▲ 荒凉的采石场转变成独特的系列花园

案例分析任务表十七

课题:									
项目类型		项目面积		设计师					
项目所在地		年均温度		最高温度		最低温度		年降水量	
任务一：解决问题的方案与方法分析									
设计理念				成果或解决方式					
存在问题 与挑战									
业主需求									
设计目标									
任务二：环境要素提取分析				任务三：该景观能满足的游憩游赏行为分析					
自然要素									
人文要素									
基本形状、组合形状									
色彩、质感									
思考题	1.各个小花园之间如何创造变化？　2.本设计中各个小花园的名称怎样体现景观的诗意？ 3.本设计有哪些体现了与环境的相通性？								
印象最深刻									

学习日期：

二、技能训练

① 以表格的形式，构建本设计创造园林景观及体验变化的图谱。

场地编号及名称	到达方式	观赏视点	观赏方式	园林构成三要素
1				
2				
3				
4				
5				
6				
7				
数量				

注：园林构成的三要素，此处包括地形、植物、水体。

② 以思维导图的形式，建立露天煤矿景观修复的框架体系。

▲ 开采场地

▲ 开挖面作业

◀ 矸石堆放

三、知识提点

知识点1 工业废弃地及修复

工业废弃场地是指受工业生产活动直接影响，失去原来功能而废弃闲置的用地及用地上的设施。工业生产活动影响指的是工业生产活动终止或工业生产过程中所采用的资源生产技术方法。在外延范畴上，工业废弃场地包括废弃工业用地、废弃的专为工业生产服务的仓储用地、对外交通用地和市政公用设施用地，以及沿用资源生产技术方法所形成的采掘沉陷区用地、废弃露天采场用地、工业废弃物堆场用地等。

对于地表塌陷和表层土壤极端退化的生境，完全恢复不仅难以确定原始条件数据，而且投入成本高，是不现实的。因此，常以“改良”或“重建”作为工业废弃场地生态修复的主要目标。对于受破坏的农田、草场、林地等生态系统，当塌陷深度不大时，可以采取土地整理和污染治理等改良措施，例如“充填式治理”等，实现地表基底的改善，为生态系统的恢复做好基础准备，然后开展恢复土壤、植被和提高土地生产力等工程技术，以增加物种种类和生物多样性，逐步提高生态系统的自我维持能力和景观美学价值。对于塌陷深度较大甚至形成积水的塌陷区，采用“非充填式治理”，并视积水深度和生态状况区别对待。中、低水位的塌陷区宜“改良”成养鱼池塘或特殊景观。高水位塌陷区，可以通过“重建”措施形成“次生湿地生态系统”。该系统具有较高的生态价值和自组织(自我维持、自我恢复)能力，但初期系统较脆弱，加强保育至关重要。

20世纪生态学理论经历了从浅层生态学向深层生态学的发展过程。面对日益恶化的环境问题，学者们认识到，单纯依赖工程技术的方法并不能解决环境问题，还必须重视管理和社会伦理道德，从人文科学的角度来完善解决问题的途径。一些设计师提出并尝试了在废弃场地的改造中，尽量尊重场地的景观特征和生态发展过程，在这类设计中，创造了许多新的修复理念和技术，使修复地段上的各类废弃物质尽可能地得到利用，残砖瓦砾、工业废料、矿渣堆、混凝土板、铁轨等，都能成为景观建造的良好材料，它们的使用，不仅与修复地的历史氛围十分贴切，而且体现了可持续发展的理念。

（1）景观再利用法

景观再利用法大致包括三种方式来保留和再利用废弃场地上的工业景观：一是整体保留，这种方法是将以前工厂的原状，包括工业构筑物和设备设施，以及工厂的道路系统和功能分区，全部承袭下来，在改造后的公园中，可以感知以前工业生产的操作流程；二是部分保留，保留废弃场地工业景观的片段，使其成为公园的标志性景观，保留的片段可以是具有典型意义的、代表工厂特征的工业景观，也可以是具有历史价值的工业建筑或是质量好且有特殊风格的老建筑；三是构件保留，例如，保留一座建筑物、构筑物设施结构或构造上的一部分，如墙、基础、框架、桁架等构件，从这些构件中可以看到以前工业景观的印迹，引起人们的联想和记忆。保留下来的废弃工业建筑（构筑）物或设施，可处理成场地上的雕塑，强调视觉上的标志性效果而不赋予其使用功能。许多情况下，废弃的工厂设施经过维修改造后是可以重新使用的。

▲ 德国北杜伊斯堡工业园区经过修复建成的景观公园

（2）废弃物再利用法

工业废弃场地上的废料包括废置不用的工业材料、残砖瓦砾和不再使用的生产原料以及工业产生的废渣。一些废料对环境没有污染，可以就地使用或加工，如砖、石等；一些废料是污染环境的，要经过技术处理后再利用，如矿渣等。废料和污染处理的原则是就地取材、就地消化，污染严重的要对污染源进行清理。

（3）生态技术法

在污染得到控制的情况下，可采用生态技术将工业水渠改造成自然河道，进行河流的自然再生，提高抗洪能力和补充地下水源，为野生生物创造栖息地和活动廊道；采用生物修复技术处理污染土壤，种植能吸收有毒物质的植被，增加土壤的腐殖质，增加土壤微生物的数量和活力，使土壤质量逐步改善。例如，德国曾在矿区内种植芥菜来吸收土壤中的污染物。

知识点2　水体景观设计的三大生态修复技术

（1）复合生态滤床技术

复合生态滤床是一种特殊人工湿地，是20世纪70年代兴起的污水生态治理技术。复合生态滤床由集水管、布水管、动力设备、生物填料、水生植物及复合微生物等共同组成。

（2）水生植物修复技术

通过种植水生植物，利用其对污染物的吸收、降解作用，达到水质净化的效果。水生植物在生长过程中，需要吸收大量的氮、磷等营养元素，以及水中的营养物质，通过富集作用去除水中的营养盐。

（3）生物多样性调控技术

通过人工调控受损水体中生物群落的结构和数量，来摄取游离细菌、浮游藻类、有机碎屑等，控制藻类的过量生长，提高水体透明度，完善和恢复生态平衡。

四、扩展阅读：优秀花园的特征

北京林业大学王向荣教授认为，优秀花园应该具备的特征或要素包括：

① 最合理、最简明、创造性地解决问题；

② 充满诗意；

③ 空间的艺术；

④ 缜密的逻辑关系；

⑤ 融合在地域景观之中；

⑥ 吸引人去体验和感知。

案例十八

大师的杰作
——波特兰系列广场

项目信息

设计者：PLACE，劳伦斯·哈普林

项目地点：美国，波特兰

项目分类：公共空间，公园，广场

教学目标

知识目标：① 掌握从环境中提取设计要素的方法

② 理解劳伦斯·哈普林的设计方法

技能目标：① 具备地形要素提取的能力

② 具备区分和创造地形结构的能力

素质目标：① 培养热爱自然、发现自然的意识

② 培养严谨的设计逻辑

一、详述：波特兰系列广场

波特兰系列广场是1963～1971年，波特兰市在摩尔特诺马、考利茨、克拉克马斯和大隆德邦联部落规划的四组景观，包含一系列互动喷泉、广场和连接路径。这些修建于20世纪中期的现代市政资产在国际上享有盛誉，也是波特兰市最具影响力的景观作品。

系列广场的设计初衷是丰富公民的娱乐生活，它始于一个“残酷”的开端：为了重新开发场地，波特兰最古老的社区之一（South Portland）和另外一块民族聚居的土地遭到了强行“抹除”。凭借大胆的艺术性和文艺复兴以来从未有过的、极富凝聚力及生命力的公共空间，系列广场打破了美国城市主义和20世纪中期形成的现代主义惯例。其设计和建造改变了美国城市空间的历史，开辟了一条从被动的公园和广场转变为更具活力及参与性，融合自然、艺术与社会实验的公共空间的新道路。作为社区自豪感的源泉，系列广场已经成为波特兰市中心的灵魂，喷泉区的独特地标，太平洋西北地区的自然主义代表案例，以及可供几代人享受的“人民之地”。

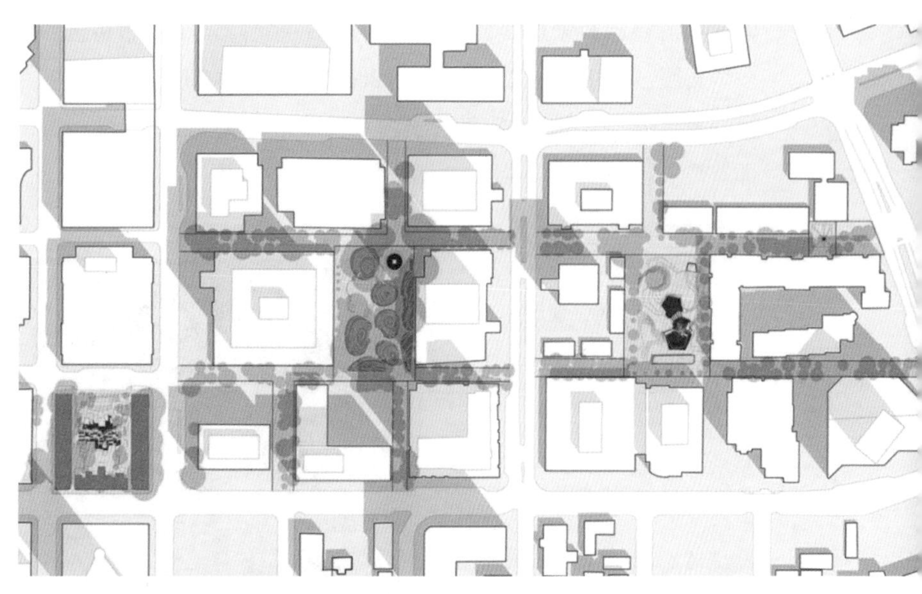

▲ 波特兰系列广场是由互动喷泉、广场和连接路径组成的四组景观，在国际上享有盛誉，它的出现重新定义了美国公共领域的传统

1. 创造公共空间的传统

50多年前，和美国当时的许多城市一样，波特兰的市中心也正面临着“逐渐走向荒凉”的困境。行事向来低调的Huxtable对波特兰提出了一项颇为惊人的挑战：作为一个被大自然包围的城市，充分发挥其成为“梦想世界都市”的潜力。前院喷泉（后更名为伊拉·凯勒喷泉）是为波特兰专门打造的四个喷泉广场之一，它标志着波特兰市中心乃至美国公共空间复兴的开始。

作为一项独特的文化财富，波特兰市中心的系列水景广场已被列入国家历史遗迹名录，并于2017年获得文化景观基金会（TCLF）颁发的管理卓越奖。2020年，俄勒冈州美国建筑师协会为波特兰系列广场授予学院奖，以表彰其对俄勒冈州建筑环境的重大贡献。

2. 波特兰的城市复兴运动

与美国许多其他内陆城市一样，波特兰市中心在第二次世界大战之后迅速走向衰退。居民们纷纷迁往新开发的城郊，市区商店的消费者也逐步流向了区域性的购物中心。曾经充满居民、工人和购物者的市中心建筑，要么经年失修，要么干脆被清空，作为停车场使用。

随着1949年颁布的《联邦住房法案》为“清理贫民窟”提供了大量拨款，波特兰也得以迎来一系列形式大胆的城市更新项目。该市共确定了11个需要清理和重建的区域，并在1958年以微弱优势赢得了投票倡议。随后，波特兰发展委员会（PDC）正式成立并接手相关工作。南礼堂项目（South Auditorium Project）是第一个开始建设的项目。

南礼堂区因其北部边缘修建已久的公民礼堂而得名，这里曾经是一个以犹太人为主的社区，拥有五座活跃的犹太教会堂，充斥着热闹的熟食店、酒吧和裁缝铺，还有不断涌入的来自意大利、希腊、爱尔兰和罗马的移民人口。但根据PDC开展的研究显示，该区域的385栋建筑中，有62%未达到合格标准。到1962年，54个城市街区被征用以进行重新开发，1500多个居民被重新安置。PDC利用1200万美元的联邦资金对土地进行了清理，并将地产公开招标，最终吸引到一个由当地投资者组成的财团的注意。与此同时，PDC做出了一个重要决定，即聘请自己的景观设计师为该区域设计一系列的开放空间，以此来为公共领域划定新时代的发展方向。

3. 喷泉及相关景观设计

① 水源喷泉（Source Fountain）是波特兰市最小的水景广场之一，同时也是系列广场的首个空间。它的形式呼应了溪流从山丘流向低地的不同阶段，因而被当地人亲切地称为“烟囱”，象征着源源不断的泉涌。

▲ 水源喷泉被当地人亲切地称为“烟囱”。一个简单的人字形广场象征着系列广场源源不断的泉涌，呼应了溪流从山丘流向低地的不同阶段

② 爱悦（Love Joy）广场占地1英亩，与南边水源喷泉的极简设计和北边充满沉思氛围的Petty grove公园形成了对比。公园周边的植被被保留下来，而在广场内部，活跃的喷泉模仿了附近喀斯特山脉的天然瀑布与奔腾的溪流，并最终汇聚在平静的水池中，邀请游客参与一整段神奇的冒险。这座喷泉巧妙地捕捉了俄勒冈州溪流的精髓：水从上层水池的边缘倾泻而下，在一系列不规则的台阶上溅起泡沫，随后又流入平静的下层低地。

▲ 爱悦广场

▲ 形式的起源：公园的核心是一个引人注目的分层喷泉瀑布，通过大胆而敏感的艺术手法再现了附近喀斯特山脉的天然瀑布与奔腾的溪流

► 体验景观：基于融合自然与人的理念，爱悦喷泉绚丽的水花最终汇聚在平静的水池中，邀请游客参与一整段神奇的冒险，创造难忘而持久的记忆

③ Petty grove公园是一系列开放水景空间的中心，葱郁茂盛的植物是其最大的特点。公园中分布着几处景观小丘，数条小路蜿蜒在其周围。公园的平面展现了自然主义理念，模拟了木兰、榉树、山茱萸、美国甜木、红橡树、枫树、欧洲栗、欧洲山毛榉和普通山毛榉的林地环境。在中心位置，一个大型的舞台式广场被弧形石墙所包围。东南侧设有一个低矮的圆形反射池，池中有一个阶梯状的基座，此处立有Manuel Izquierdo打造的黄铜雕塑“梦想者”（The Dreamer）。覆盖于地表的英国常春藤、草坪以及在特定区域种植的日本冬青灌木（齿叶冬青）与茂盛的树冠形成相辅相成的关系。

④ 连接廊道对于系列广场而言是不可或缺的存在。它们提供了从公共街道进入广场的路径，并持续吸引着路人。建筑物的后退程度与树木和植被的界线保持了一致，能够起到平衡视野和周围环境的作用。

▲ 社区花园：阶梯状的基座上立有Manuel Izquierdo打造的黄铜雕塑“梦想者”，它传递着希望、美丽、宁静与爱，以及发生在人们日常生活中的美好

◀ 四季不同的治愈之地：宁静而内敛的崖径公园与谷底起伏的地形和蜿蜒溪流形成了呼应——这是一个为年轻人（以及所有保持年轻心态的人）提供的富有包容性的游乐场地

◀ 目的地景观：Petty grove公园是一系列开放水景空间的中心。公园中分布着几处景观小丘，数条小路蜿蜒在其周围，为各类视觉和表演活动以及社区庆典提供了优美的背景

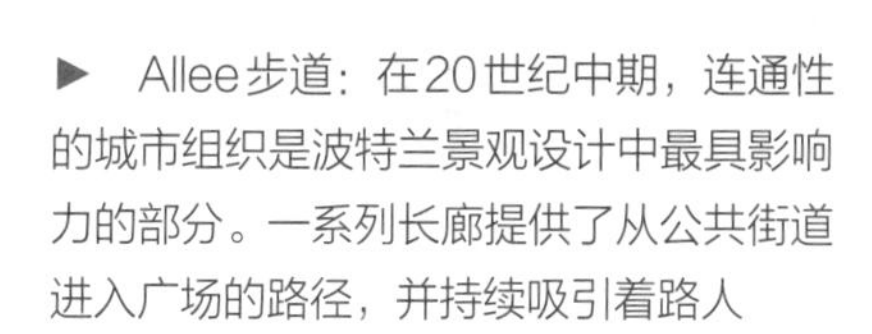

▶ Allee步道：在20世纪中期，连通性的城市组织是波特兰景观设计中最具影响力的部分。一系列长廊提供了从公共街道进入广场的路径，并持续吸引着路人

⑤ 系列广场的北部边缘是备受欢迎的前院水景，它占据了一整个街区，且可以俯瞰东侧的凯勒礼堂。广场的中央是一个造型独特、由分层钢筋混凝土砌筑的瀑布，高度达到25ft。瀑布底端是一个平坦的直线型下沉水池，一系列钢筋混凝土板允许游客从水池上方进入。该广场还设有一系列混凝土台阶，就像是舞台空间一般，让公民生活变得更加丰富多彩。

▲ 前院水景：无论是对波特兰市中心而言，还是对于美国的公共空间而言，它都是十分具有影响力的

▲ 标志性的地方主义：系列广场的设计初衷是丰富公民的娱乐生活。他们从俄勒冈州的瀑布和哥伦比亚河的邦纳维尔大坝中找到了灵感：巨大的瀑布、粗糙的地面、茂密的树林，为城市带来了大自然般的清凉

4. 波特兰与城市公共空间的复兴

波特兰系列广场一经建成，便立刻成为全世界景观设计师的朝圣地。当美国其他城市中心的活动还停留在办公、购物和停车的时候，波特兰系列广场已在邀请人们进行纯粹的娱乐。

几十年来，波特兰人一直贯彻着这种娱乐精神，并不断创造出更多的公共空间。1967年，即爱悦广场开放的2年后，在威拉米特河的西岸举办了一次具有代表意义的野餐。这场活动为其后来将Harbor Drive公路改造成Tom McCall滨水公园的行动（1978年）揭开了序幕。

到了20世纪90年代，波特兰对自然的城市形态以及戏剧性公共空间的追求已经成为常态，在此期间，另一个相互连接的系列水景广场也在河区建成。波特兰系列广场最终开启了一项跨越50多年的传统，即建设根植于自然形式的、具有戏剧感和互动性的公共空间。

美国景观大师劳伦斯·哈普林设计的波特兰系列广场将八个城市街区的更新项目融合为由起伏台地、林荫道、小径和形式独特的喷泉构成的连贯空间，成为该市公共集会的中心地点。系列广场通过建筑物之间的小路将人们引向不同的景致，犹如一个中枢神经系统，调节着城市不同季节的功能活动，同时也展现着平等主义的特征：从各个方向上对所有人开放。波特兰系列广场从任何意义上说都是一个里程碑式的存在，它的成功为当下和未来的从业者树立了典范。

▲ 营造场所的传统

案例分析任务表十八

课题:									
项目类型		项目面积		设计师					
项目所在地		年均温度		最高温度		最低温度		年降水量	
任务一：解决问题的方案与方法分析									
设计理念					成果或解决方式				
存在问题 与挑战									
业主需求									
设计目标									
任务二：环境要素提取分析					任务三：该景观能满足的游憩游赏行为分析				
自然要素									
人文要素									
基本形状、组合形状									
色彩、质感									
思考题	1. 劳伦斯·哈普林的代表性作品的共同特征是什么？　2. 劳伦斯·哈普林的几个水景设计有何不同？ 3. 本设计有哪些体现了与环境的相通性？								
印象最深刻									

学习日期：

二、技能训练

借鉴本案作者的手法，从下图地形中提取视觉要素，概括为水景设计。

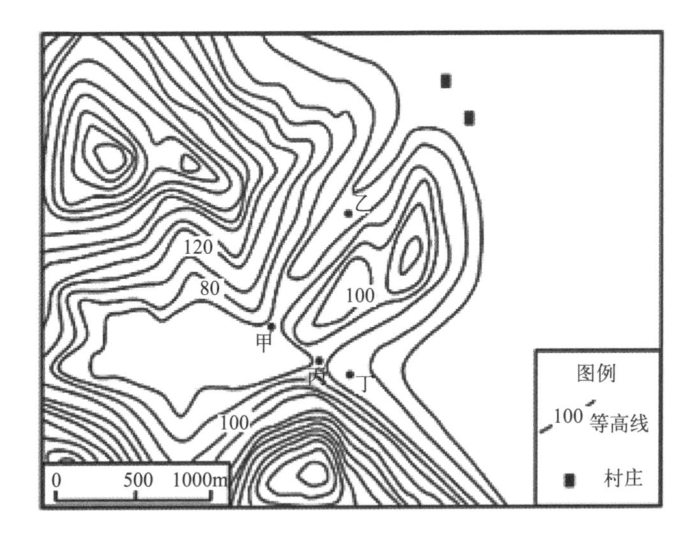

▲ 某地地形图

三、知识提点

知识点1 劳伦斯·哈普林经典作品的溪山之美

（1）罗斯福纪念公园

该纪念公园作为华盛顿特区最负盛名的旅游景点之一，是为纪念罗斯福领导全美国人民共同度过艰难的经济大萧条时期以及第二次世界大战时期而建的。整个公园共分四区，以罗斯福总统在任的四个时期的时局作为空间区分的依据。其中的第一区是一个由粗糙而具有原始感的浅色花岗岩墙体围合成的开敞式展览空间，所有花岗岩墙体的高度都不超过周围的树木，整个纪念物掩映在绿树丛中，与环境融为一体。

▲ 罗斯福纪念公园

周围绿色植物按照形态分为高、中、低层，冷暖色调搭配，且从选择的植物类型来看，植物大都是自然方向生长的状态，没有固定的形态，与跌水相融合，更塑造出原始、自然的观赏环境，而水的应用则展现了积极向上的乐观精神，象征罗斯福就任时所表露的那种乐观主义与一股振奋人心的惊人活力。

（2）西雅图高速公路公园

高速公路公园(Freeway Park)是西雅图市区最大的一片绿地，而且它很特别的地方是跨越了一条高速公路，因此被称为高速公路公园。

高速公路公园紧邻会议中心，是一块长方形的绿地，下面有繁忙的洲际公路经过，公园里面有许多流水的造景，配合着绿色的常青植物带给人们清凉舒适的感觉。

（3）旧金山里维斯广场

该设计更为直观地呼应了西亚拉山区，不再采用普通的混凝土材质，在主瀑布中劳伦斯·哈普林直接运用了由山区运下的大块花岗岩。里维斯广场充分发挥了水和身体之间的各种互动模式：矗立的巨岩顶端有水泉泻下，引起行人的注目停留，从两旁树篱围起的开口进入之后柳暗花明，可以环绕着巨石水池和水上踏石串起的步道行走，角落升起的水梯顶端也有泉水涌出。

知识点2　城市复兴理论

按照城市更新及相关理论发展的脉络来进行分析，可以看到，第二次世界大战后西方城市更新的理论和实践基本上是沿着清除贫民窟 → 邻里重建 → 社区更新的脉络发展，指导旧城更新的基本理念也从主张目标单一、内容狭窄的大规模改造，逐渐转变为主张目标广泛、内容丰富、更有人文关怀的城市更新理论。

按照有关城市更新的理论发展脉络进行梳理，可以看到如下的情况。

▲　西雅图高速公路公园的流水景观

（1）从形体规划出发的城市改造思想

西方国家的城市更新运动，在一开始受到以物质规划为核心的近现代城市规划理论思想的深刻影响。这些规划思想的本质是把城市看作一个相对静止的事物，希望通过对物质环境的设计解决城市中的所有问题。

（2）对大规模城市改造的反思

清理贫民窟和随之而来的大规模城市建设以及对城市中心土地的强化利用，曾经一度带来城市中心区的繁荣，但很快就带来了大量的城市问题，加剧了城市向郊区分散的倾向。可以说，大规模城市改造并不成功，却给城市带来了极大的破坏。

（3）可持续发展的城市复兴思想

可持续发展的思想最初来自那些致力于环境和资源保护的社会经济学家，是第二次世界大战后经济高速发展和20世纪70年代经济萧条导致环境污染、资源破坏等问题引发的对城市发展模式的世界范围的反思结果，其中也包含了上述对大规模城市改造所进行的反思。

在可持续发展思潮的影响下，西欧国家城市更新的理论与实践有了进一步发展，进而逐渐形成了城市复兴的理论思潮与实践。它一方面体现的是前所未有的多元化，城市复兴的目标更为广泛，内容更为丰富；另一方面是继续趋向于谋求更多的政府、社区、个人和开发商、专业技术人员、社会经济学者的多边合作。

▲ 旧金山里维斯广场一角

四、扩展阅读：景观设计大师劳伦斯·哈普林

劳伦斯·哈普林 (Lawrence Halprin)，美国著名的景观设计大师，在职业生涯中他为世界的景观设计行业贡献了多次颠覆性变革，并赋予了园林概念更丰富的广义内涵。

劳伦斯·哈普林不断通过公司的项目设计实践，向公众重申景观设计对于美国城市再生的重要性。由于他所创造的令人难忘的景观空间和形式，他被授予了包括美国建筑师协会联合专业奖章（1964年）、ASLA设计奖章（2003年）和国家艺术奖章（2002年）在内的各种奖项，成为美国最高荣誉的景观设计师之一。

劳伦斯·哈普林出生于1916年，曾就读于康奈尔大学和哈佛大学，博士毕业后，进入了托马斯·丘奇的景观设计公司，并与他合作设计完成了名声赫赫的唐纳花园项目。

劳伦斯·哈普林一生都在画画。这种行为使他能够思考，找到平静，解决问题，治愈创伤，理解场地、人物、文化、时间、行为和动作。绘画是一种个人仪式，他所创造的形象是他所谓的根源。

第五章

大尺度规划

在自然系统中寻找和挖掘景观价值较高的部分，将其作为重要的景观节点，进而进行多个景观节点或者景观空间的组织，通常是大尺度景观规划设计的首要任务。本章重点讨论多学科、多角度的景观开发与利用以及景观空间核状、线状两种基本的组织形式。

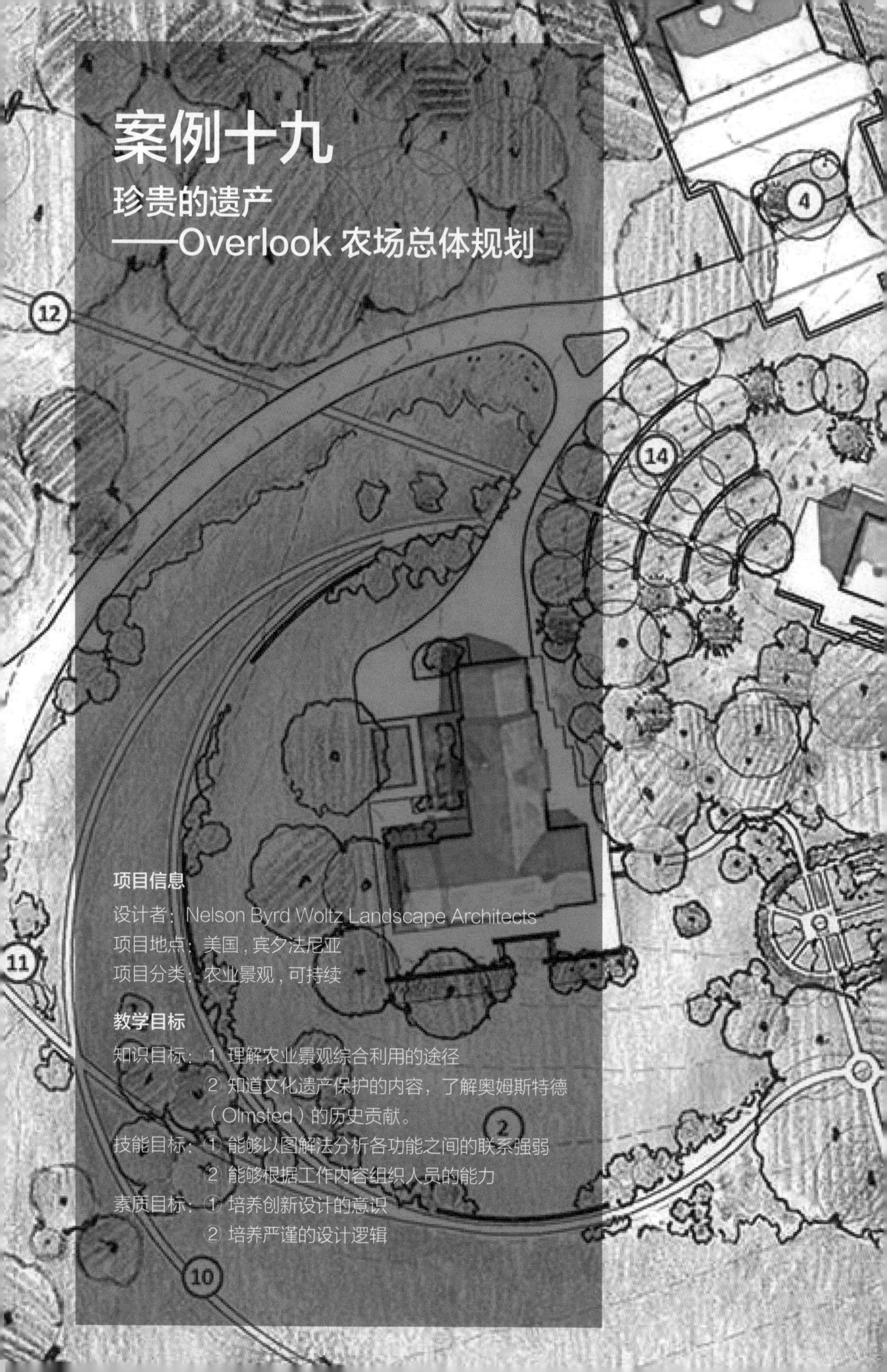

案例十九

珍贵的遗产
——Overlook 农场总体规划

项目信息

设计者：Nelson Byrd Woltz Landscape Architects
项目地点：美国，宾夕法尼亚
项目分类：农业景观，可持续

教学目标

知识目标：① 理解农业景观综合利用的途径
② 知道文化遗产保护的内容，了解奥姆斯特德（Olmsted）的历史贡献。

技能目标：① 能够以图解法分析各功能之间的联系强弱
② 能够根据工作内容组织人员的能力

素质目标：① 培养创新设计的意识
② 培养严谨的设计逻辑

一、详述：Overlook 农场总体规划

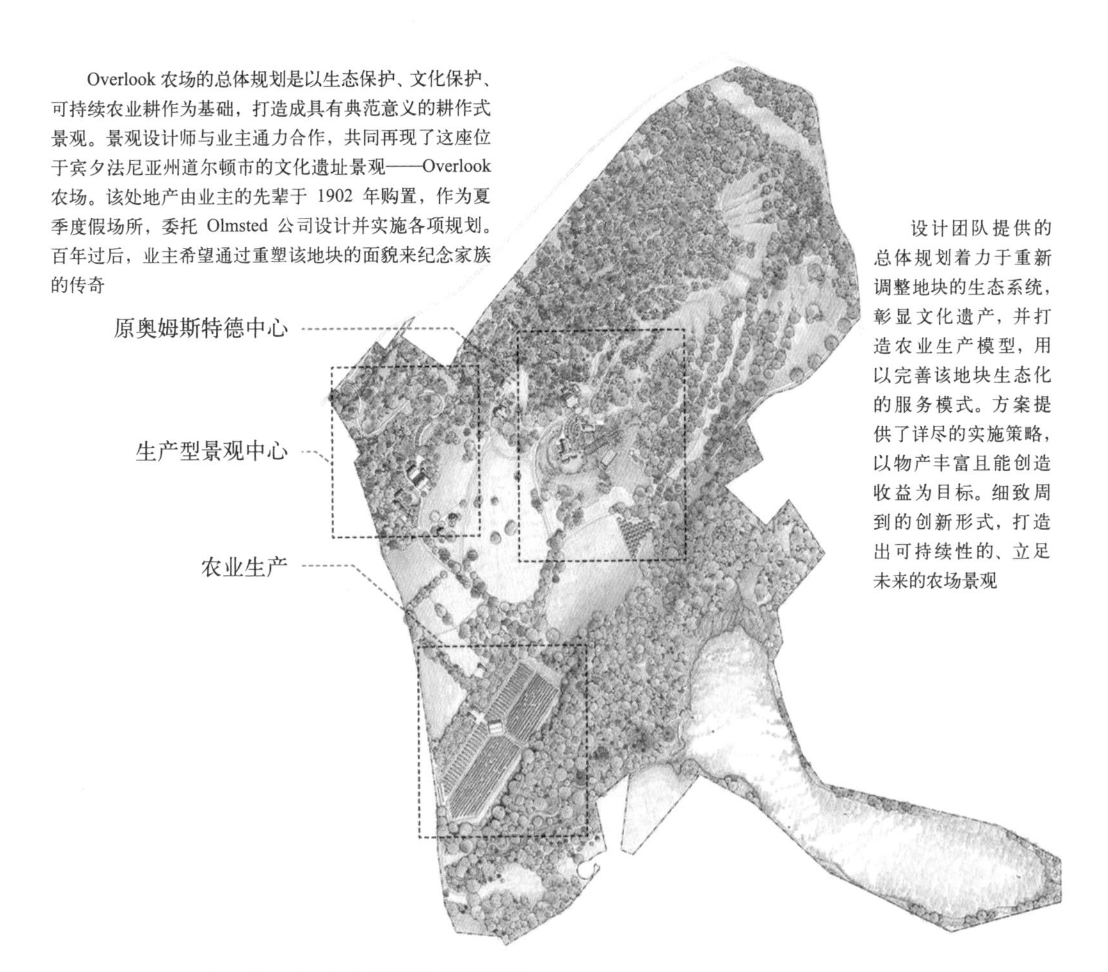

Overlook 农场的总体规划是以生态保护、文化保护、可持续农业耕作为基础，打造成具有典范意义的耕作式景观。景观设计师与业主通力合作，共同再现了这座位于宾夕法尼亚州道尔顿市的文化遗址景观——Overlook 农场。该处地产由业主的先辈于 1902 年购置，作为夏季度假场所，委托 Olmsted 公司设计并实施各项规划。百年过后，业主希望通过重塑该地块的面貌来纪念家族的传奇

设计团队提供的总体规划着力于重新调整地块的生态系统，彰显文化遗产，并打造农业生产模型，用以完善该地块生态化的服务模式。方案提供了详尽的实施策略，以物产丰富且能创造收益为目标。细致周到的创新形式，打造出可持续性的、立足未来的农场景观

▲ Overlook农场景观总体规划

作为文化遗址景观的Overlook庄园，位于宾夕法尼亚州道尔顿市，面积320英亩，经历了百余年几代家族成员的传承。业主意图寻求一种方式来纪念家族在这片土地生活的悠久历史，通过景观设计师创作的总体规划为子孙后代留下一处肥沃、多产且能创造收益的土地。

Overlook农场总体规划的目标是打造一处具有典范意义的耕作式景观，通过设计创新打造出它的基础——生态保护和管理、可持续的农业产出以及文化保护。

Overlook管理规划的基础是保护并凸显文化景观。要求景观设计师对现有的以古典花园为中心的景观进行保护，并在几个方

面加以优化。该花园由Olmsted设计，采用较为正式的古典形式。在Olmsted档案馆，设计团队查阅到大部分原先的方案图纸。经过对这些图纸进行深入研究，形成了历史核心区域的基本构思。在这一区域内，家族历史与文化景观交织在一起，在广阔的生产作业和试验田地中间散布着交错的羊肠小道。

设计过程受到农业保护工作室（ConAg）的指导，后者是一支由设计师、科学家、农学家组成的联合策划团队，成员之间共同协作打造兼具成效和象征意义的、具有巨大潜力的耕作式景观。在Overlook项目中，ConAg的策划成果突出了基地独有的特征和生态性，并增加了其已有的及未来的农业发展机会。与此同时，资源（生态、文化和美学）的保护也是同丰饶的物产及教育作用并行考虑的。

在对Overlook进行基础调研及对生态现状进行记录整理的基础上，设计团队提出了生态保护与修复方案的原则，并同来自纽约州雪城Roosevelt野生生物所的杰出生态学家们合作，搜集和观测了Overlook野生生物的现状，并按照鱼类、昆虫、两栖动物、鸟类、植物和哺乳动物进行分类。Overlook多层次的历史和生态环境（Olmsted的规划方案、实现的情况和现存的形制）在设计调研和场地分析中逐渐变得清晰，并最终启发了新总体规划的设计方向。其结果综合考虑从可能的栖息地情况到连带产生的居住者等诸多问题，从而形成一个对这片土地的长远规划。依据这些数据，设计团队针对精准的场所需求为其量身打造总体规划的实施方案。

总体规划为场所保护及增加包括泉水池、湖泊、水边木板人行道、交织河道湿地等元素的水文系统提供指导。为了提升基地内水系的重要性，设计师通过多种方式来增强它们的可达性，在地区范围内与更大规模的交通网络联系起来。

过去的地块和现代的基础设施与资源、周边市场及土地的生态特征都整合在总体规划的农场项目中，BioBlitz为实践提供基本框架，同时启发了更大范围内相关联的生态系统的管理。设计利用多种生物的共生来促使农场生产出营养且美味的食物。恰如各元素都无法单独存在一样，农场同样与其他部分密不可分。以这样一种方式，各个部分共同形成规模更大、更具活力的整体，农场景观成为一个有效的、可循环的、欣欣向荣的有机体。总体规划保留了Overlook文化的连贯性，同时加强了它固有的美感和丰富性，通过实践创造一个经济可行的、具有教育意义的创新型农场。总体规划通过可被讨论并修改的图标和地图来展示营养物质循环、动物迁移、物质能效等方面的合理动线，如同一个可见的活生生的文本。

以保护和加强特定具有留存意义的区域为目标，基于全面的管理经营策略，景观设计师创造了一套指导原则。策略的实施同时放大生态系统的服务性能和农业产出，看上去是两者协同增益的良机。以此为基础，Overlook作为一个具有生态功能的耕作式农场景观项目，其愿景已初露端倪。设计时整合了Overlook人工耕种项目的基本特征，强化了遗产保护的客观性。

考虑业主与俄勒冈大学Overlook Field学院的合作关系，总体规划在场地内建立生产型景观中心，以此形成访问学生和教员与社区之间的联系，以及景观农业范畴内土地管理事宜与生产力的联系。在总体规划制定期间，设计团队得以与学生和教员交换想法及实施办法。在文化景观领域可持续的学术研究，最终成型的文件改进了校园的园区结构。

最终的总体规划指导业主和管理者保护地产内多样的生态系统，彰显它的文化遗产，打造可持续的农业产出。

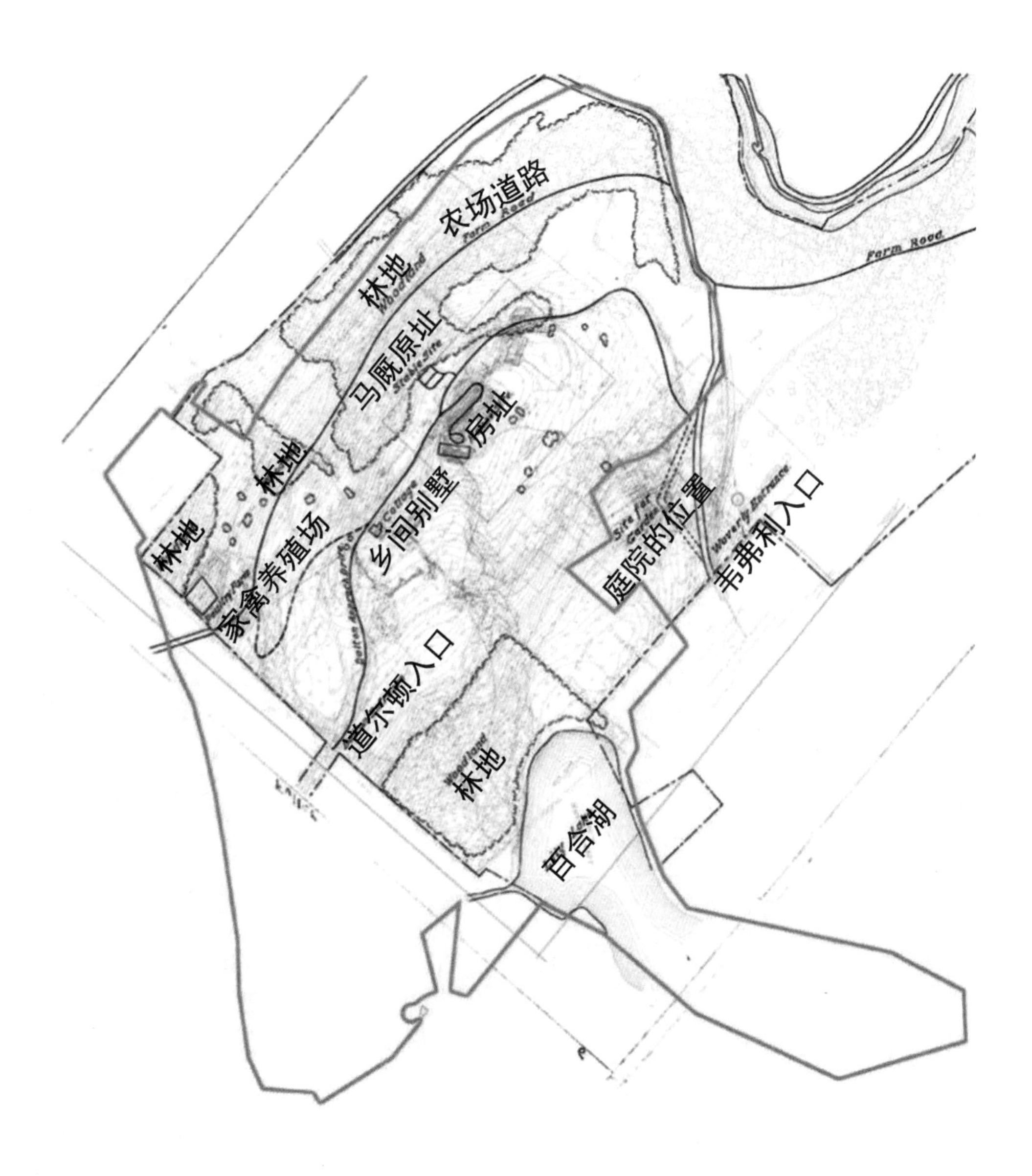

▲ Overlook是一处面积达320英亩的文化遗产景观

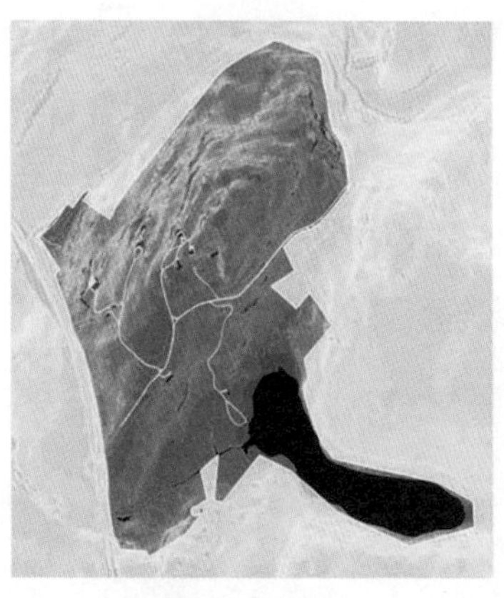

坡度分析

坡向分析

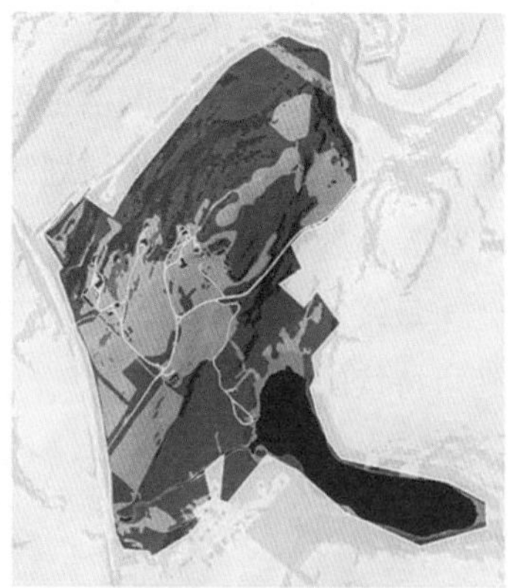

现有生态类型

▲ 生态保护与修复方案的基础是对Overlook的基础调研及对生态现状的记录整理

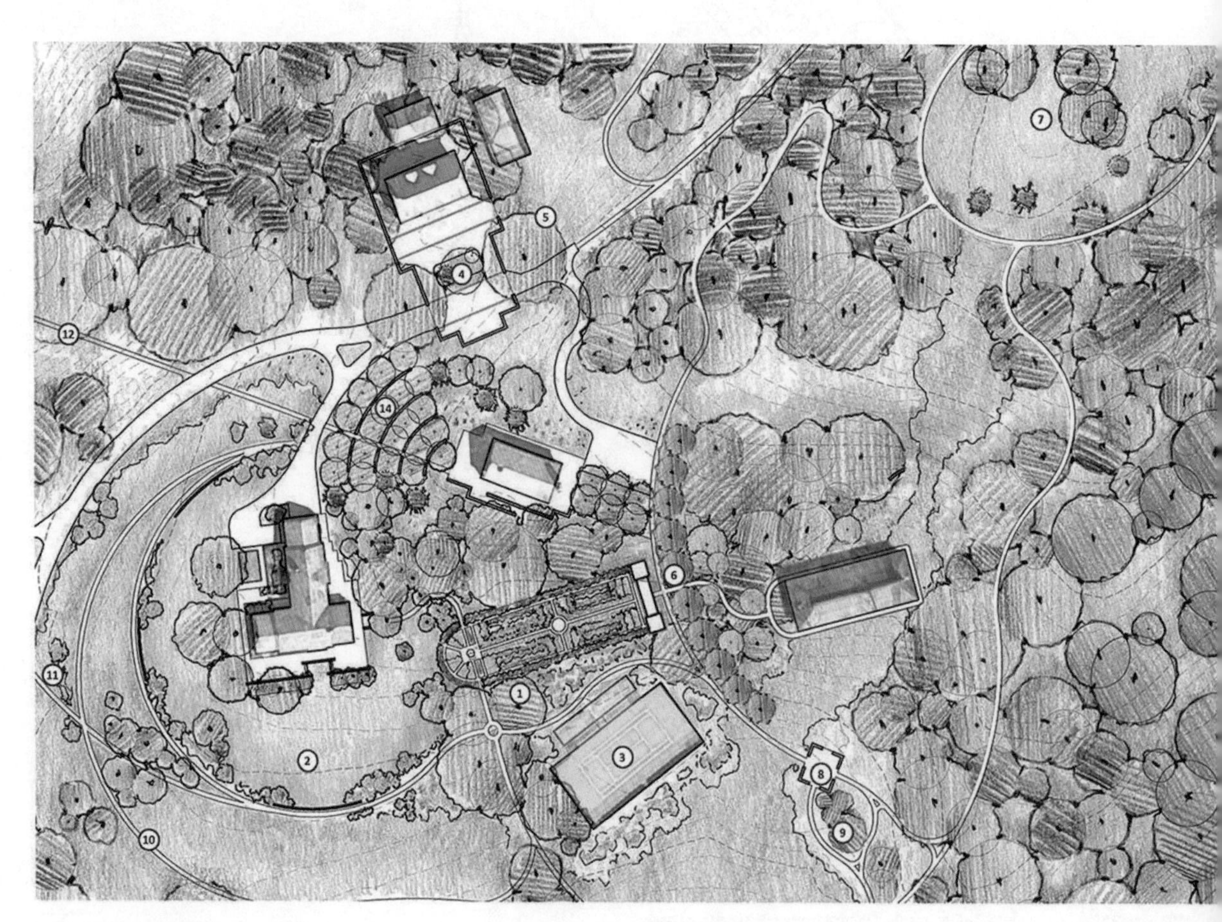

▲ 景观设计师有机会对原先Olmsted设计的以较为正式的古典花园为中心的景观进行保护，并在几个方面加以优化

▲ 设计师与来自纽约州雪城Roosevelt野生生物所的杰出生态学家们合作搜集和观测野生生物的现状

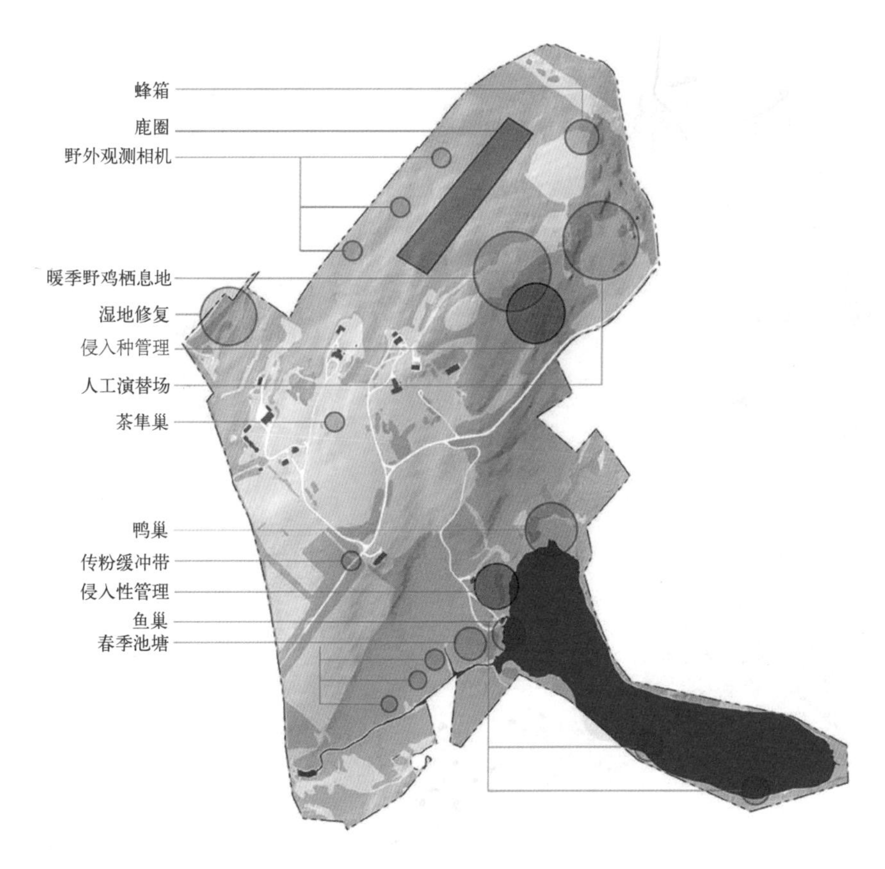

▲ Overlook农场总体规划的目标是打造具有典范意义的、兼顾保护与管理的耕作式景观

▲ 保护和增加包括泉水池、湖泊、水边木板人行道、交织河道湿地等的水文系统，在设计过程中是设计师首要考虑的问题

▲ 总体规划提议在修复后的本土生态系统中置入可持续农业和文化保护项目

- **水文监测站和气象站**

可以部署水文和气象站来捕捉该地的关键生物物理信息，包括温度、相对湿度、风速、二氧化碳和甲烷的水平，以及水质数据。在东南部的小支流上可安装 V 形溢流堰和水深记录仪，以便更好地了解导致场地大面积侵蚀的径流条件

- **野生动物监测站**

根据采样计划，包括自动录音机和“游戏摄像机”在内的远程野生动物监测系统部署在该地周围。这些设备能够捕捉鸟类和哺乳动物的叫声和迁徙运动，然后根据获得的数据计算野生动物活动和种群数量变化的基线

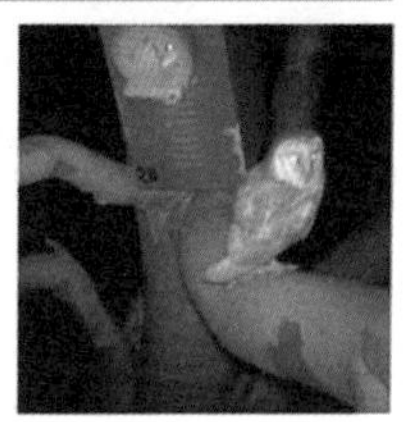

- **封闭区现有物种监测**

封闭区是指为了更好地了解一个地点现有的和新侵入的生物多样性，排除动物和人类的干扰的研究区域。收集到的数据将用于分析对农场产生的影响，并提出可行的管理策略

▲ 总体规划建议对野生生物和自然系统进行持续的监测

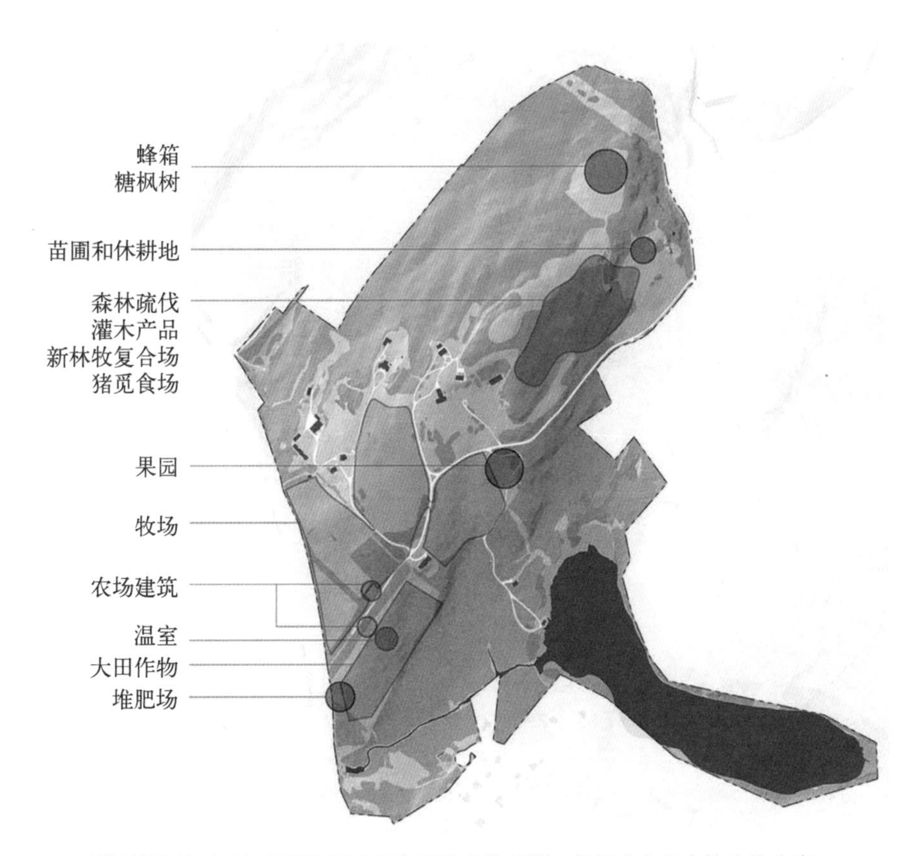

▲ 设计团队针对基地容量和需求量身打造总体规划，包括农业在内的实施方案

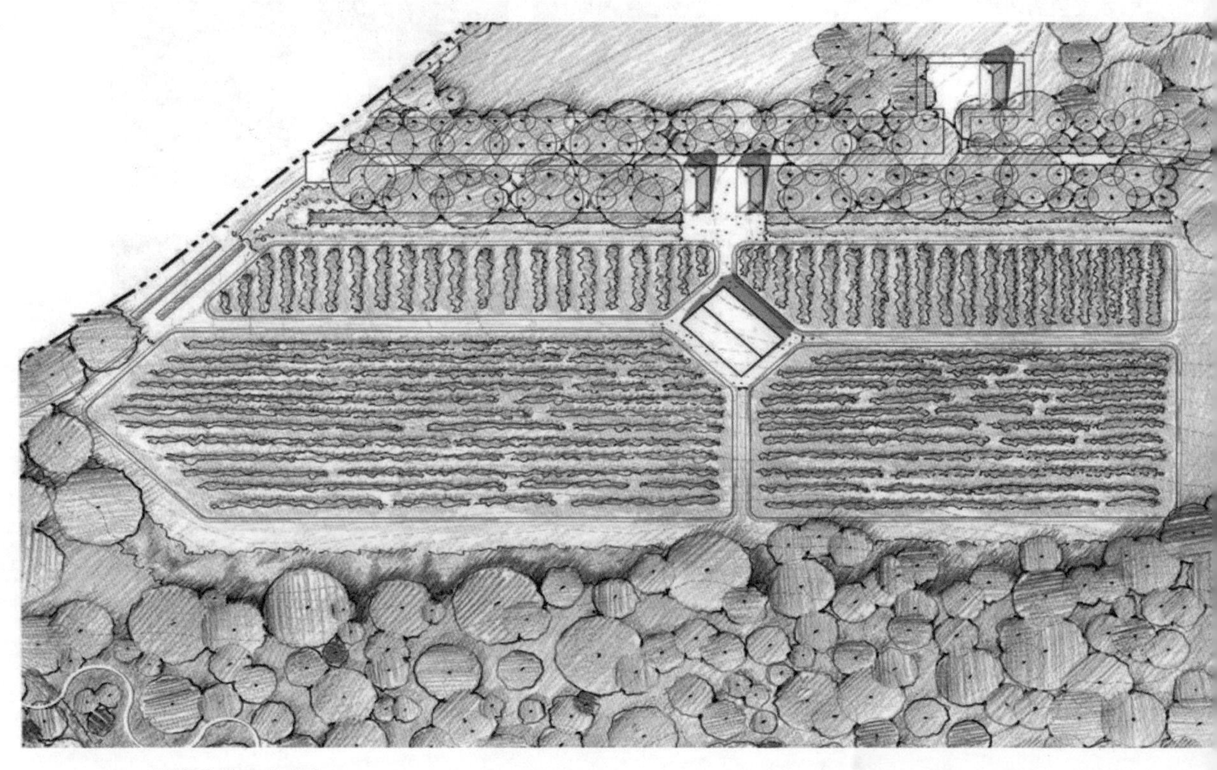

▲ 提案中的农业中心

▲ 考虑到已经存在的业主与俄勒冈大学Overlook Field学院的关系，总体规划就地成立生产型景观中心

▲ 实施后的农业项目能够有效运作，与周围脆弱而独特的生态环境和谐共处

案例分析任务表十九

<table>
<tr><td>项目名称</td><td colspan="6"></td></tr>
<tr><td>项目类型</td><td colspan="2"></td><td>项目面积</td><td colspan="3"></td></tr>
<tr><td>设计团队</td><td colspan="2"></td><td>建成年份</td><td colspan="3"></td></tr>
<tr><td>项目所在地</td><td colspan="2"></td><td>气候特点</td><td colspan="3"></td></tr>
<tr><td colspan="7">任务一：设计理念与策略分析</td></tr>
<tr><td colspan="3">项目的设计理念提炼</td><td colspan="4">项目所采用的设计策略</td></tr>
<tr><td rowspan="3">场地需解决的问题</td><td colspan="2"></td><td rowspan="3">解决问题的方法</td><td colspan="3"></td></tr>
<tr><td colspan="2"></td><td colspan="3"></td></tr>
<tr><td colspan="2"></td><td colspan="3"></td></tr>
<tr><td rowspan="2">业主需求</td><td colspan="2"></td><td rowspan="2">满足业主需求的方法</td><td colspan="3"></td></tr>
<tr><td colspan="2"></td><td colspan="3"></td></tr>
<tr><td rowspan="2">设计目标</td><td colspan="2"></td><td rowspan="2">实现设计目标的方法</td><td colspan="3"></td></tr>
<tr><td colspan="2"></td><td colspan="3"></td></tr>
<tr><td colspan="7">任务二：区域划分和空间格局</td></tr>
<tr><td>序号</td><td>分区名称</td><td>分区依据</td><td>分区主要功能</td><td>分区主要景观</td><td>分区内的园林要素</td><td>项目空间格局分析</td></tr>
<tr><td></td><td></td><td></td><td></td><td></td><td></td><td rowspan="4"></td></tr>
<tr><td></td><td></td><td></td><td></td><td></td><td></td></tr>
<tr><td></td><td></td><td></td><td></td><td></td><td></td></tr>
<tr><td></td><td></td><td></td><td></td><td></td><td></td></tr>
<tr><td colspan="7">任务三：思考题</td></tr>
<tr><td colspan="7">1. 园林规划设计中，场地分析的内容有哪些?
2. 园林规划设计中，如何更好地展现场地的文化属性和历史属性?</td></tr>
<tr><td colspan="7">任务四：个人（或学习小组）对项目的评价</td></tr>
<tr><td colspan="7"></td></tr>
</table>

二、技能训练

请根据案例资料和下方图纸，以图解的形式分析下列各功能区之间关联的强弱。

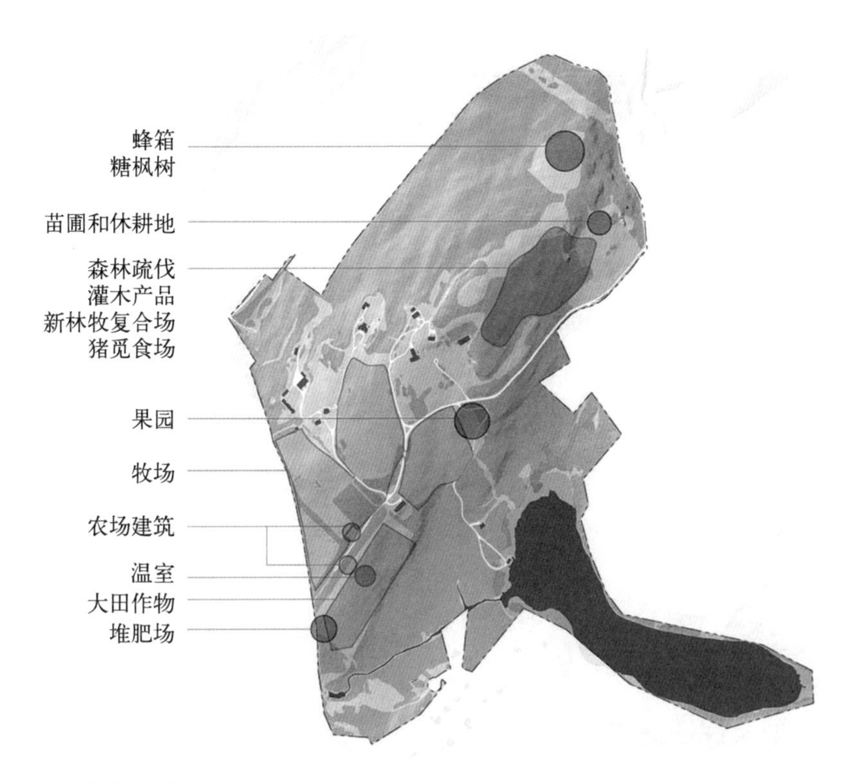

▲ 总体规划图

三、知识提点

知识点1 功能分区及图解

每个功能分区都有特定的使用目的和基地条件，使用目的决定了用地所包括的内容。这些内容有各自的特点和各自的要求。因此，需要结合基地条件合理地进行安排和布置，一方面为具有特定要求的内容安排相适应的基地位置；另一方面为某种基地布置恰当的使用内容，尽可能地减少矛盾、避免冲突。园林用地规划主要考虑下列几方面的内容：①找出各使用区之间理想的功能关系；②在基地调查和分析的基础上合理利用基地现状条件；③精心安排和组织空间序列。

（1）功能关系

合理的功能关系能保证各种不同性质的活动、内容的完整性和整体秩序性。根据功能区之间性质差异的大小可将其间的关系划分为：①兼容的；②需要分隔的；③不相容的三种形式。另外，整个园林的内容之间常会有一些内在的逻辑关系（动静、内外），按照这种逻辑关系安排不同性质的内容，就能保证整体的秩序性而又不破坏其各自的完整性。

（2）图解法

当内容多、功能关系复杂时，应借助图解法进行分析。通常借助不同强度的联系符号或者线条数目表示出功能区之间关系的强弱。

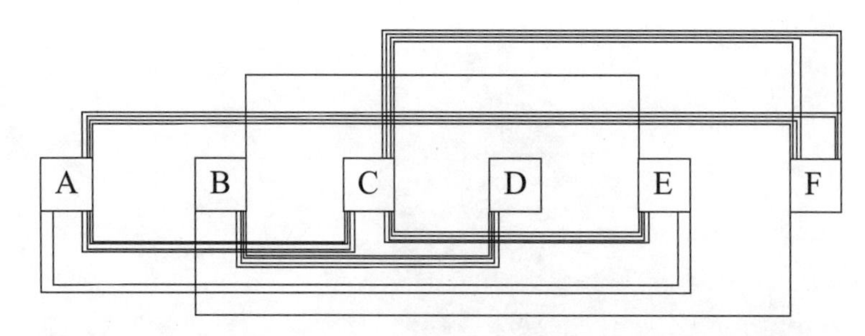

▲ 各功能区用方块表示，依次排列，关系的强弱用线条数目来表示

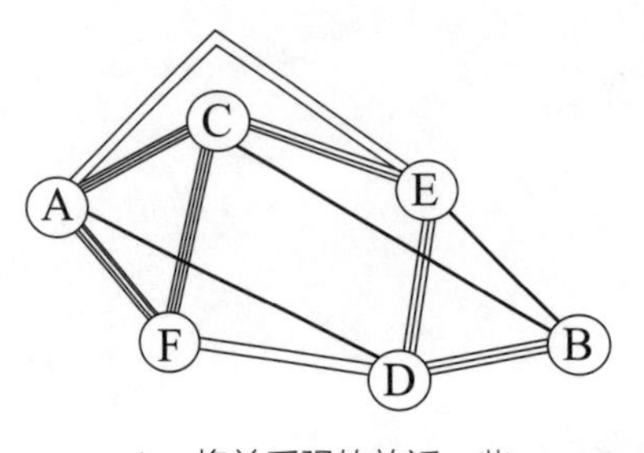

▲ 将关系强的放近一些

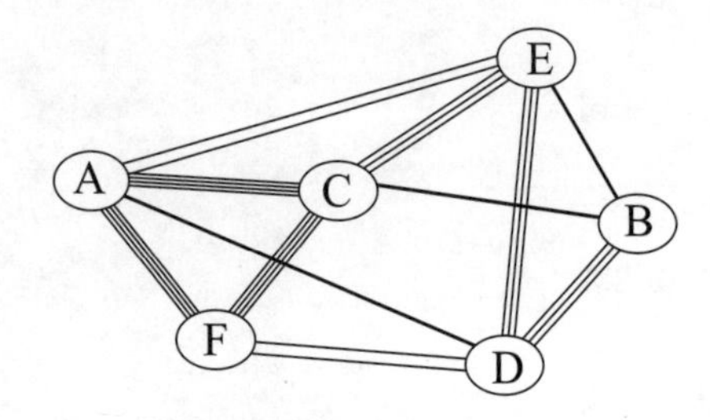

▲ 排列得更清楚些

知识点2 文化景观类型及保护

（1）由人类有意设计和建筑的景观

包括出于美学原因建造的园林和公园景观，它们经常(但并不总是)与宗教或其他概念性建筑物或建筑群有联系。

（2）有机进化的景观

它产生于最初始的一种社会、经济、行政以及宗教需要，并通过与周围自然环境的联系或相适应而发展到目前的形式。它又包括两种类别，一是残遗物(化石)景观，代表一种过去某段时间已经完结的进化过程，突发的或是渐进的。它们之所以具有突出、普遍的价值，就在于显著特点依然体现在实物上。二是持续性景观，它在当地与传统生活方式相联系的社会中，保持一种积极的社会作用，而且其自身演变过程仍在进行之中，同时展示了历史上其演变发展的物证。

（3）关联性文化景观

这类景观列入《世界遗产名录》，以与自然因素、强烈的宗教、艺术或文化相联系为特征，而不是以文化物证为特征。此外，列入《世界遗产名录》的古迹遗址、自然景观一旦受到某种严重威胁，经过世界遗产委员会调查和审议，可列入《濒危世界遗产名录》，以待采取紧急抢救措施。

文化景观保护的路径一般包括三个方面：重构重塑景观格局使其得到凸显；重现景观风貌使其活化；推动文化旅游使其参与经济运行。

四、扩展阅读：景观设计之父——奥姆斯特德

▲ 奥姆斯特德

奥姆斯特德（Frederick Law Olmsted，1822—1903年），景观设计师，被称为“景观设计之父”。在19世纪中后期的美国，他开展了一系列主张保护自然、充分利用土地资源建设公园系统的运动。奥姆斯特德与其搭档卡尔弗特·沃克斯一起，先是于1859年完成举世闻名的纽约中央公园设计，接着又在布法罗、底特律等城市建设了一系列公园及公共绿地系统。1870年写下《公园与城市扩建》一书，提出“城市要有足够的呼吸空间，要为后人考虑，城市要不断更新和为全体居民服务”的思想。

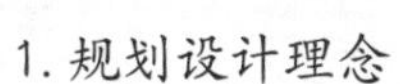

1. 规划设计理念

他的风景园林理念受英国田园与乡村风景的影响很深，英国风景式花园的两大要素（田园牧歌风格和优美如画风格）都为他所用。前者成为他进行公园设计的基本模式，后者被用来增强大自然的神秘与丰裕。

奥姆斯特德原则：

① 保护自然景观，某些情况下，自然景观需要加以恢复或进一步加以强调（因地制宜，尊重现状）；

② 除了在非常有限的范围内，尽可能避免规则式（自然式规则）；

③ 保持公园中心区的草坪或草地；

④ 选用当地的乔灌木（乡土植物）；

⑤ 大路和小路的规划应呈流畅的弯曲线，所有的道路成循环系统；

⑥ 全园靠主要道路划分不同区域。

2. 奥姆斯特德经典作品

奥姆斯特德作品丰厚，涉及风景保护区、城市公园、住宅区、大学校园、政府建筑等方方面面，对现代风景园林继续产生重要影响。

▲ 波士顿翡翠项链区位示意

▲ 纽约中央公园

▲ 斯坦福大学校园

案例二十

古代遗迹的复兴
——中国山西大同古长城文化遗址走廊

项目信息

设计者：北京林业大学，北京林业大学风景园林规划设计研究院

项目地点：中国山西，大同市

项目分类：休闲娱乐，区域规划，旅游

教学目标

知识目标：① 掌握综合分区的方法

② 理解遗产保护类规划复合体系建立的方法

技能目标：① 用思维导图表述设计体系的能力

② 运用图形表达设计的能力

素质目标：① 培养团队协作的意识

② 培养严谨的设计逻辑

一、详述：山西大同古长城文化遗址走廊

长城不仅是世界文化遗产，也是人类文明的瑰宝。大同古长城主要建于明朝（公元1368～1644年），尽管经历了沧桑巨变，但其主要部分一直保存到了今天。然而由于种种原因，这处文化遗产一直在遭受着侵蚀和破坏，其周边区域也正面临着生态环境恶化、旅游业停滞和居民贫困等问题。

本规划建造了一条长258km、面积186km^{2}的线性遗产走廊，可以实现遗址保护、生态修复、文化旅游恢复、乡村振兴等多重目标，将直接惠及其沿线的53万人。规划充分发挥了文化遗产的经济价值，在保护与发展、文化与旅游、工业与生态等各个方面之间都取得了收益的平衡。可以预见的是，得益于古长城的保护和灵活发展，本项目所覆盖的区域都将会得到振兴。

1. 项目背景

大同坐落在游牧民族和农业民族聚居地的交界处，长城是由农业民族建立起的防御体系。不熟悉长城的人通常会认为它仅仅是一堵巨墙，而熟知历史的人知道，长城的功能比这要复杂得多。

▲ 总体规划：长城是世界文化遗产，也是人类文明的瑰宝

在明朝，长城是由用于防御敌人的围墙系统、用于情报传递的烽火台系统、用于驻军值班的部队驻防系统、用于提供物资的驻军开垦系统组成的，是一个庞大而完整的防御系统。在修建和保卫长城的过程中，许多士兵、工人及其家属都在长城附近定居下来，从而形成了一系列定居点。近代，随着来自游牧民族威胁的消退，长城也逐渐衰落。

2. 所面临的挑战

（1）遗址保护

由于分布得过于分散，古长城遗址并没有连续的保护区。而长城的大部分地区都缺乏管理，人为造成的损失十分普遍。

（2）生态环境

大同地处温带草原和温带沙漠的交织地带，生态环境本就脆弱，植被也稀疏。在明朝，烧荒破坏了长城周边的生态环境，甚至还有部分长城由于水土流失而倒塌。

（3）交通系统

长城沿线缺乏连续的交通运输系统。同时，由于长城的资源还没有得到有效的开发和利用，大同境内的长城风景名胜区在规模、系统和吸引力上都极度缺乏竞争力。

（4）社会经济

除了农业经济效益低下和农村人民贫困外，当地社区还面临着年轻人外流的困境。这也导致了老年人和儿童所居住的村庄逐渐陷入绝境。

3. 规划过程

考虑到项目的规模和复杂性，北京林业大学风景园林规划设计研究院和北京林业大学专门组建了一个规划团队。该团队由景观设计、GIS技术、生态绿化、水土保持、建筑设计、文化旅游、文化遗址保护等众多领域的专业人士组成。与此同时，当地的长城保护协会成员、植物学家和农业经济学家也建立了一个专家咨询小组，以便为规划团队提供必要的支持。

整个团队对大同古长城片区的历史资料进行了详细的研究，并在计划范围内进行了为期2个多月的、长2000多千米的实地考察。结合无人机航拍图像以及土地资源和林业信息数据库，团队人员创建出一个详细的GIS数据模型。此外，团队还深入当地的村庄和社区，广泛收集当地人的意见。

4. 规划内容与策略

（1）遗产保护

项目团队通过文化遗产评估方法来识别古长城遗址保护区的空间肌理。通过分析发现，高质量的遗址大多分布在距长城1000m的范围内。根据这种情况，团队确定了遗址走廊规划的空间格局。

① 核心保护区。长城及其相关遗址之外50m内的区域将由专门的管理和保护机构严格防护，并对具有潜在倒塌危险的长城遗址进行保护性的修复工作。

② 生态修复区。在核心保护区以北100～500m的区域内进行生态修复，以保护长城遗址免遭生态灾害。

③ 旅游服务区。在核心保护区以南500 ～ 1000m的区域内进行生态修复，并在此基础上增加风景区娱乐系统和全程的旅游基础设施，从而将人为活动对自然的影响降至最低。

④ 发展协调区。在确保与长城景观和特色相协调的基础上，将旅游服务区以南500 ～ 1000m的区域作为发展协调区，以指导当地的农业升级和乡村旅游发展。

▲ 远看长城

▲ 挑战与目标：大同古长城遗址一直遭受着侵蚀和破坏，其周边地带也正面临生态环境恶化、旅游业停滞和居民贫困等问题

▲ 遗址保护：总体规划根据长城及附近五种文化遗址的分布和保护现状，将遗址保护区的空间格局划分为四个层次，以实现长城遗址的分级保护和开发

（2）生态修复

① 确定生态敏感区。使用GIS信息模型确定生态敏感区，同时结合遗产保护的影响因素，进一步缩小补救范围。

② 制定生态修复策略。总体规划以当地的原生植被群落为蓝图，针对五类生态敏感区的自然特征制定了预定义的种植匹配模型，同时建立了低维护成本的植被群落，并为濒危物种提供了栖息地。

（3）风景旅游系统规划

① 资源选择与风景名胜区的确定。项目团队对长城沿线的文化遗址和自然资源按照等级进行了评估，最终确定了12个资源优质且集中的地区作为建设风景名胜区的重要节点。

② 旅游设施系统。总体规划计划建设一条全长255km的观光路线和自行车道系统，将长城统一成一个有机的整体。建立包括观光步道、休闲娱乐设施和餐饮住宿空间等在内的景区服务和讲解系统，并配备导游人员和科普设施。

在对生态敏感性、遗址分布、建筑适宜性和其他因素进行综合分析的基础上，充分考虑景区设施的布局、材料、颜色和形式，从而让它们能够完美地融入古长城遗址的环境中去。绿色走廊被布置在道路系统的外侧，不仅创建了一个连续的休闲系统，还能够提供一个可以俯瞰长城的空间。

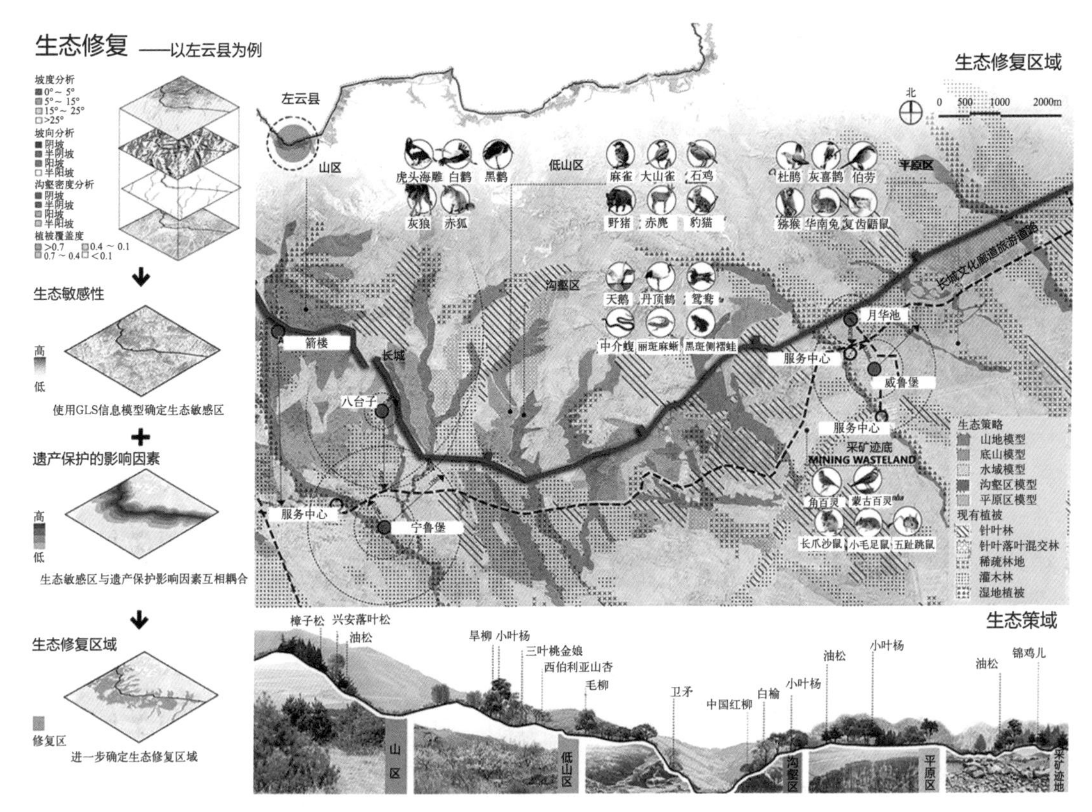

▲ 生态修复—以左云县为例：总体规划确定了有效的集约化生态修复区，并以当地的原生植物群落为蓝图，不仅在修复区内建立起低维护成本的人工植被群落，更为所有动物提供了栖息地

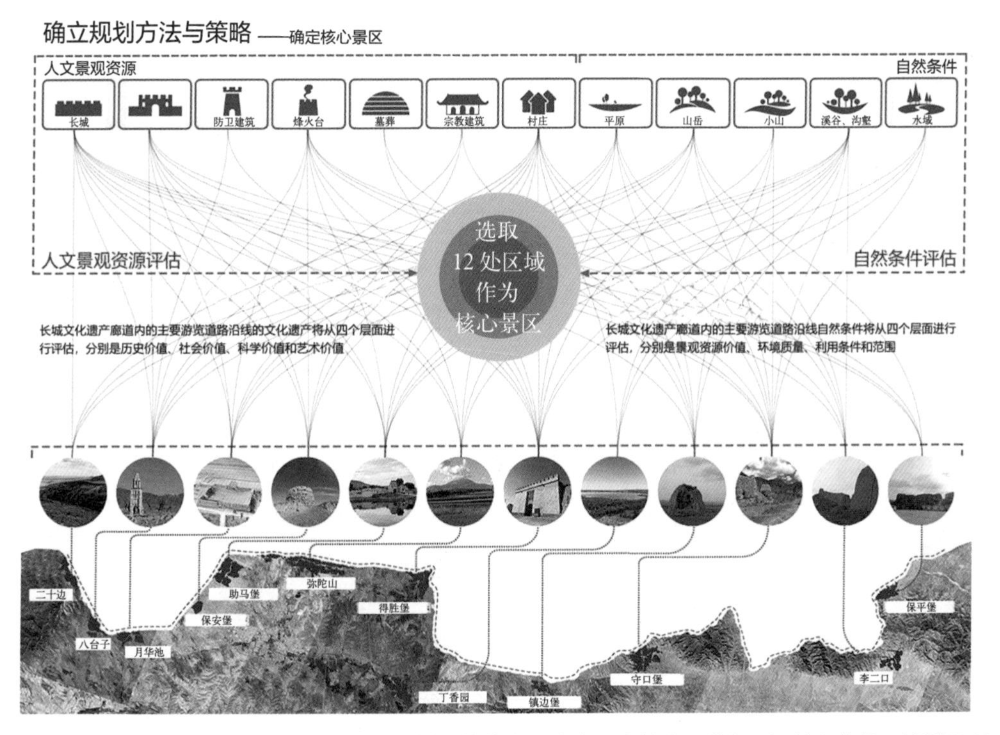

▲ 建立通路—确定核心区域：项目团队对长城沿线的文化遗产和自然资源进行了评估和分级，找到了12个资源集中的高质量区域。随后便以“为整个遗址走廊提供核心景点”为目标，对其进行重点建设

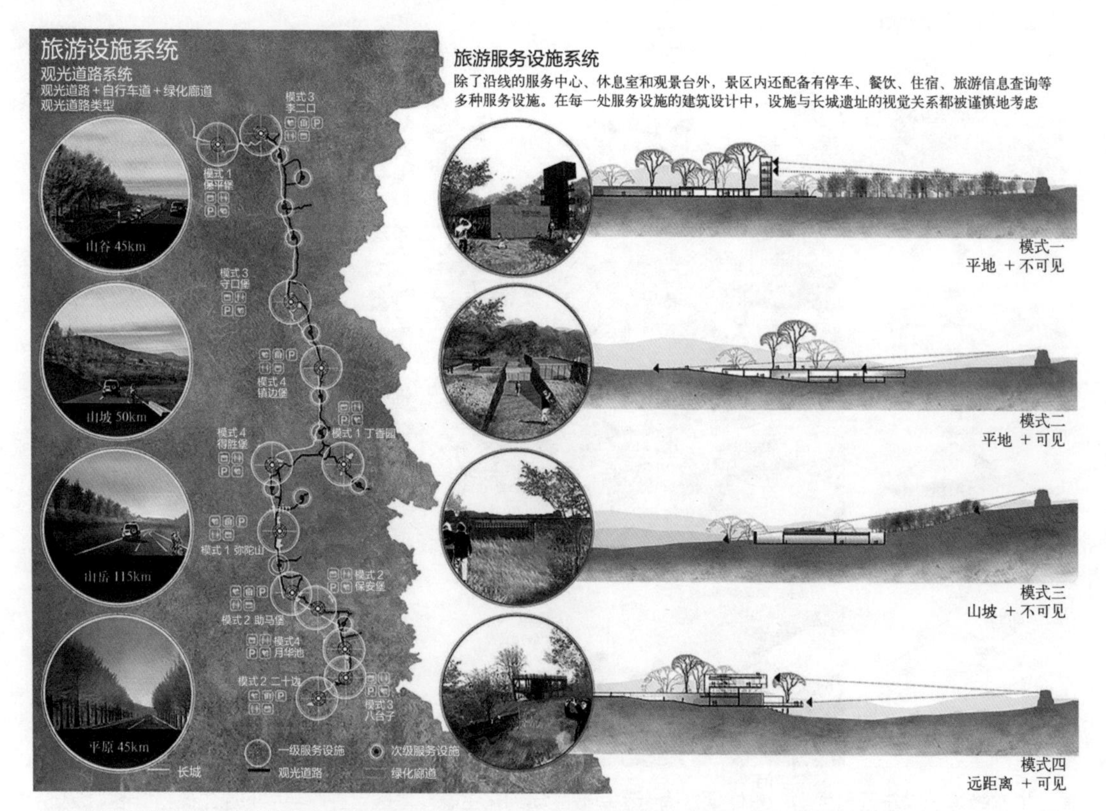

▲ 旅游设施系统：总体规划计划建设一条全长255km的观光路线和自行车道系统，将长城统一成一个有机的整体。灵活的绿色走廊被布置在道路系统的外侧

沿途将设立12个风景名胜区的服务中心，以便建立连续的旅游服务设施系统。服务中心可以提供多种服务，如停车、餐饮、住宿和旅游信息查询等。在建筑设计上，项目团队则充分考虑了建筑空间与长城在视觉上的联系，以打造适宜的服务空间。

（4）农业指导

① 种植业指南。在政府的财政补贴和科研机构的支持下，考虑经营规模等因素，引导农村居民种植油料植物、药材及其他种类的经济作物，发展农业观光，以增加收入。

② 发展乡村旅游。根据长城沿线村庄的评估结果，适度发展成熟的古村落，并引导村民创建家庭旅馆，开发乡村旅游和餐饮，生产和销售当地的特色产品，以及发展一系列其他的旅游服务，以提升当地居民的生活水平，从而让农村人民摆脱贫困，过上更好的生活。

5. 结论

该总体规划充分发挥了文化遗产的经济价值，在保护与发展、文化与旅游、工业与生态等各个方面之间都取得了收益的平衡。可以预见的是，得益于古长城的保护和灵活发展，本项目所覆盖的区域都将会得到振兴。此外，本案还充分证明了景观设计师在跨学科的大型复杂项目中的核心作用。

▲ 风景旅游系统——以得胜堡为例：通过恢复自然地形可以建立起地域性的植被群落。建立包括观光步道、休闲娱乐设施和餐饮住宿空间等在内的景区服务和讲解系统，并配备导游人员和科普设施

▲ 农业指导：在政府的财政补贴和科研机构的支持下，考虑经营规模等因素，引导农村居民种植植被以增加产量和收入；引导村民发展民俗旅游，引进开发商以开展投资和商业经营，促使当地人摆脱贫困，过上富裕的生活

案例分析任务表二十

<table>
<tr><td>项目名称</td><td colspan="6"></td></tr>
<tr><td>项目类型</td><td colspan="2"></td><td colspan="2">项目面积</td><td colspan="2"></td></tr>
<tr><td>设计团队</td><td colspan="2"></td><td colspan="2">建成年份</td><td colspan="2"></td></tr>
<tr><td>项目所在地</td><td colspan="2"></td><td colspan="2">气候特点</td><td colspan="2"></td></tr>
<tr><td colspan="7">任务一：设计理念与策略分析</td></tr>
<tr><td colspan="3">项目的设计理念提炼</td><td colspan="4">项目所采用的设计策略</td></tr>
<tr><td rowspan="3">场地需解决的问题</td><td colspan="2"></td><td rowspan="3">解决问题的方法</td><td colspan="3"></td></tr>
<tr><td colspan="2"></td><td colspan="3"></td></tr>
<tr><td colspan="2"></td><td colspan="3"></td></tr>
<tr><td rowspan="2">业主需求</td><td colspan="2"></td><td rowspan="2">满足业主需求的方法</td><td colspan="3"></td></tr>
<tr><td colspan="2"></td><td colspan="3"></td></tr>
<tr><td rowspan="2">设计目标</td><td colspan="2"></td><td rowspan="2">实现设计目标的方法</td><td colspan="3"></td></tr>
<tr><td colspan="2"></td><td colspan="3"></td></tr>
<tr><td colspan="7">任务二：区域划分和空间格局</td></tr>
<tr><td>序号</td><td>分区名称</td><td>分区依据</td><td>分区主要功能</td><td>分区主要景观</td><td>分区内的园林要素</td><td>项目空间格局分析</td></tr>
<tr><td></td><td></td><td></td><td></td><td></td><td></td><td rowspan="4"></td></tr>
<tr><td></td><td></td><td></td><td></td><td></td><td></td></tr>
<tr><td></td><td></td><td></td><td></td><td></td><td></td></tr>
<tr><td></td><td></td><td></td><td></td><td></td><td></td></tr>
<tr><td colspan="7">任务三：思考题</td></tr>
<tr><td colspan="7">1. 园林总体规划项目中，如何确定项目的空间格局？常见方法有哪些？
2. 世界遗产保护区和我国的国家级风景名胜区有哪些区别？又有哪些联系？</td></tr>
<tr><td colspan="7">任务四：个人（或学习小组）对项目的评价</td></tr>
<tr><td colspan="7"></td></tr>
</table>

二、技能训练

根据本案的内容，一条长258km、面积186km^{2}的线性遗产走廊，可以实现遗址保护、生态修复、文化旅游恢复、乡村振兴等多重目标的共12个风景集中的区域，将其转变为渐进式线性布局，要做那些调整?

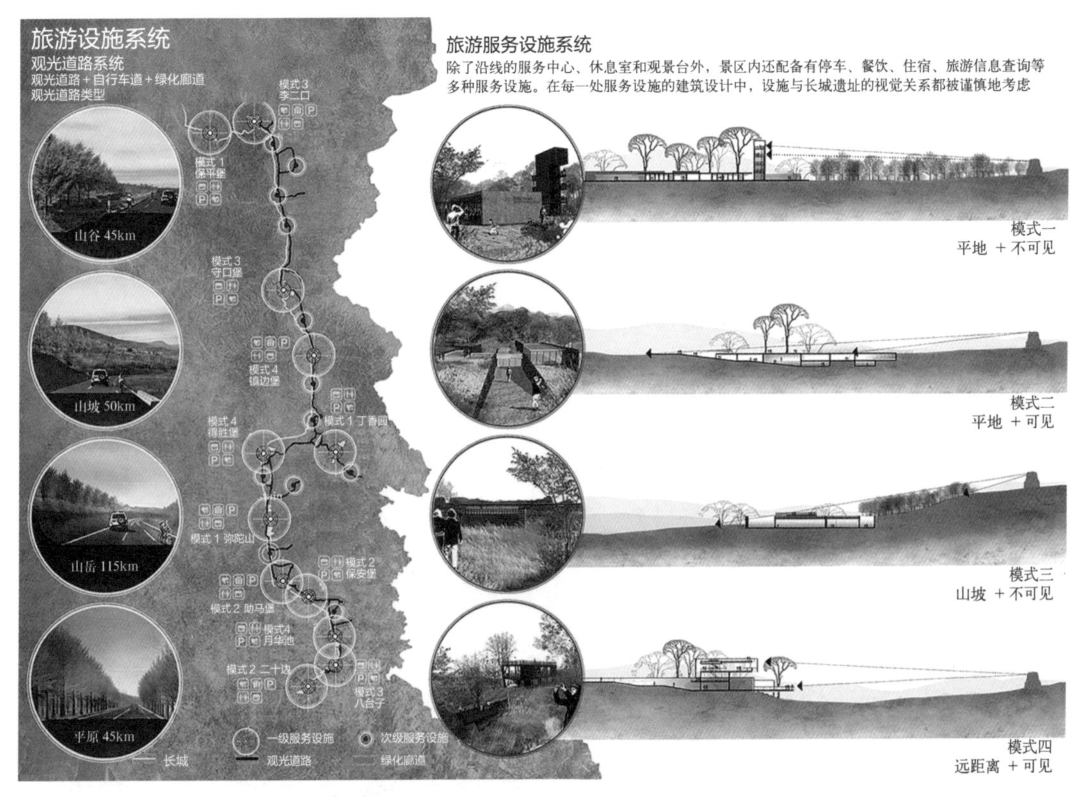

提示：线性布局与渐进式线性布局的区别在于，渐进式线性布局有精华集中的区域节点。

三、知识提点

知识点1　景观分区

景观的分析与组织就是运用审美能力对景物、景象、景观实施具体的鉴赏和理性分析，并研究确定与之相适应的展示措施和具体处理手法，形成景象构思方案、景象展示方案、观赏体系方案，以及特征分区方案。景观的分析与组织结果，通常以景观分析图或综合的景观地域分布图来表示。

景区规划分区的大小、粗细、特点是随着规划的深度而变化的。规划越深则分区越精细，分区规模越小，各分区的特点也越简洁，各个分区之间的分隔、过渡、联络等关系的处理也趋于精细，趋于丰富。

对于规模较大、功能多样、用地复杂的风景区，一般采用与风景区用地结构整合的分区模式，即综合分区模式。分区将功能区、景区、保护区等整合并用，形成诸如生态保护区、自然景观区、人文史迹区、游憩活动区、服务管理区、发展控制区等类型，而景区被分别组织在不同层次和不同类型的用地结构单元中，使得景区在整个风景区的结构中得到明确清晰的定位。较为常见的综合分区模式是与功能区整合划分，形成“风景区 → 功能区 → 景区 → 景点”的结构层次。

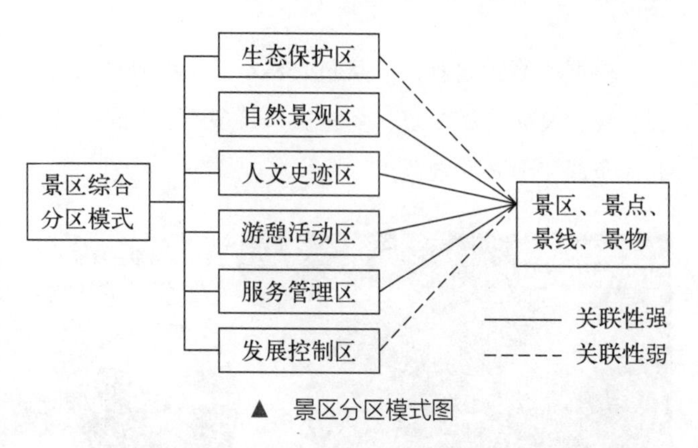

▲ 景区分区模式图

知识点2 景区的空间布局

景区的空间布局是为了在界限范围内，将规划构思通过不同的规划手法和处理方式，全面系统地安排在适当的位置，为景区的各个组成要素均能发挥良好的作用创造理想条件，并使整个风景区成为有机整体。依据规划对象和地域分布、空间关系和内在联系进行综合部署，形成合理、完善而又有自身特点的布局结构。

空间布局结构的基本模式有散点式、串联式、渐进式、组团式、核式五种。在实际应用中，由于环境的复杂性和独特性，大多数风景区综合以上典型的布局模型，灵活组织构成，呈现综合型布局形式。

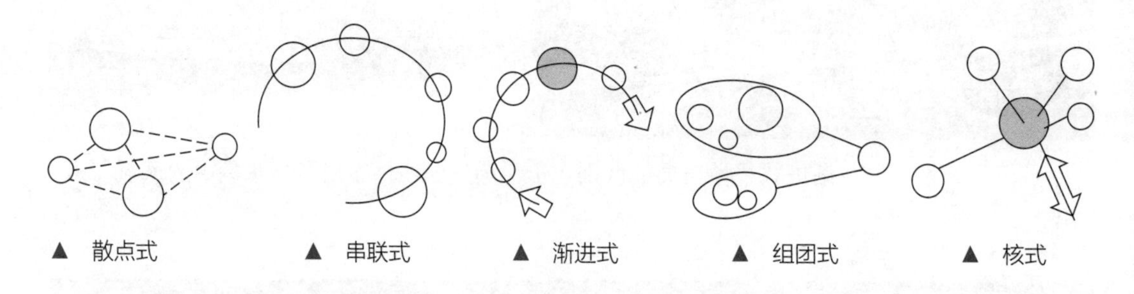
▲ 散点式　▲ 串联式　▲ 渐进式　▲ 组团式　▲ 核式

① 散点式：风景资源特征相似，规模近似，且较为独立，景区的布局易形成平行并列的结构，连接方式也易形成网络型。

② 串联式：以旅游路线依次串接景区，景区之间没有明显的主次关系，游客能以便捷的道路和节省的时间实现最佳的游览效果。

③ 渐进式：与串联式相近，但是景区有明显的序列关系，呈现起转、承合、高潮的线性顺序。存在核心景区，且与其他景区的关系密切。

④ 组团式：景区具有层次性、空间分布聚集性，形成圈层式组团结构。

⑤ 核式：以一个或多个主要精华景区为中心，四周通过道路、山脉、河流等沟通连接其他景区，形成核心结构，多呈放射状布局。

四、扩展阅读：万里长城

举世闻名的中国万里长城，东起渤海湾山海关，西至甘肃省的嘉峪关。穿过崇山峻岭、山涧峡谷，绵延起伏1.2万余华里（1华里＝0.5km），横跨中国北方七个省、市、自治区。万里长城气魄雄伟，是世界历史上伟大的工程之一。1987年被列入《世界文化遗产名录》，国家AAAAA级旅游景区，世界重点文物保护单位。

长城是中国古代的军事防御工程体系，为瞭望和烽火传递信息方便，大多沿山脊而建，而山体是风景的天然骨架，加之长城为防守需要而多选择易守难攻之地，形成了奇险雄伟的风貌，因此，长城自出现起就天然成为风景资源。

▲ 奇险雄伟的长城

长城以其雄伟的气势和博大精深的文化内涵，吸引着历代的中华文人名士及国际人士。许多中国的文人墨客以长城为题材创作了大量的诗词歌赋、美术、音乐等文艺作品，其中唐代的“边塞诗”尤为典型。如李白的“长风几万里，吹度玉门关”，王昌龄的“秦时明月汉时关，万里长征人未还”，王维的“劝君更尽一杯酒，西出阳关无故人”，岑参的“忽如一夜春风来，千树万树梨花开”等名句，千载传诵不绝。长城对中国人来说，是意志、勇气和力量的标志，象征着中华民族的伟大意志和力量。

案例二十一

景观的多用性
——女童军 La Jita 营地规划

项目信息

设计者：Studio Outside
项目地点：美国，得克萨斯州
项目分类：综合，区域规划

教学目标

知识目标：① 掌握拓展景观功能的方法
② 了解女童军活动与植入型景观组织方法
技能目标：① 初步运用核式组织景观的能力
② 理解景观分析图表达的能力
素质目标：① 培养创新设计的意识
② 培养严谨的设计逻辑

一、详述：女童军 La Jita 营地规划

女童军组织在当下面临的最大挑战是如何在21世纪继续发挥作用。以分析全国趋势为起点，规划团队在地区规模下开展工作，使场地体验成为决定土地评估、投资组合战略以及功能分布的核心要素。这一做法改变了组织在“使命、场地和功能空间如何协同运作”上的观念，为女童军提供了动态的体验。团队在该过程中为La Jita营地提出了一个以使命为导向的整体规划方案，将历史悠久的女童军营地与得克萨斯州Hill Country的起伏景观重新连接起来。“生活之所也是学习之所”的主题贯穿了整个计划，增强了女孩们的领导才能。具有创新性的功能布局和资源配置在回应全国趋势的同时，将关注点放在了方案的适应性和为当代女孩创造的参与式体验上。在丰富的景观与文化遗产相连的过程中，营地体验也将得以延续和传承至未来世代。

1. 背景：挑战

美国女童军（GSUSA）致力于让女孩们变得独立自主、勇于探索和充实自我，并激励了美国女性领导力从过去到现在的不断增长。作为全国“仅限女子”的重要计划，女童军的使命可以概括为培养果敢能干、创新、敢于冒险以及具有领导力的女性，并已将驻营文化传承一百余年。

▲ 总平面图：作为由景观设计师率领的全国研讨会的主要成果，La Jita营地的总体规划在强调当地考古历史、生态学以及河流独特形态的同时，还为其制定了内容广泛的计划方案

▲ 尊重历史+重塑营地：美国女童军与景观团队共同为功能空间、设施以及可持续性制定了未来愿景，并使其重新融入营地市场。团队基于以上原则回顾了营地的历史，并对其未来进行了重新构想

▲ 成为焦点：基于全国研讨会的讨论成果，La Jita营地成为人们关注的焦点。La Jita营地坐落在得克萨斯州Hill Country的Sabinal河流沿岸，这里的景观在70多年来一直激发着女孩们的勇气、自信和个性

在过去的几十年中，驻营市场的激烈竞争对美国女童军的存在产生了影响。由于计划方案上的局限、执行上的不一致以及基础设施上的不足，女童军在年轻群体中的地位受到了挑战。2003～2017年，女童军的成员人数减少了50%以上，其造成的财务影响使得女童军理事会的数量从2003年的312个降至如今的112个。这一过程彻底改变了分会的地域规模，同时对分会的身份认可度、成员信任度以及资金来源都造成了消极影响。

2. 需求

景观设计师与美国女童军组织进行了一次展望式的对话，站在理事会的视角之外，战略性地探讨了如何使场地和驻营计划成为一个统一的系统。

3. 规划

在讨论会的推动下，景观团队受到西南得得克萨斯女童军的委托，对其唯一剩余的La Jita营地进行总体规划，从而为来21个郡县的15000多名女孩提供服务。

La Jita营地总体规划创建了一个以使命为导向的方案，将历史悠久的营地计划与得克萨斯州Hill Country的起伏景观连接起来。景观团队领导了规划过程的方方面面，为的是鼓励工作人员、倡议者以及最重要的女童军们重新做出思考，如何以最有效的方式去履行“为女孩赋予勇气、自信和人格魅力，使之能够让世界变得更好”的使命。

在数十年资金减少和人数缩减的影响下，该营地已经陷入毁损的状态。许多初期的营地小屋都被建造在Sabinal河（覆盖了49%的营地面积）的冲积平原上，但出于安全考虑已经被拆毁或者弃置。老旧的建筑急需维修，小屋和浴室也需要重新设计并融入景观，以符合当下的行业标准，并将显著地扩大收益流和市场份额。总体规划重新与当地景观衔接，使任务空间、住宿空间和公共空间与环境中的主要元素——浩荡的河流、富于变化的高地和低地森林、修复后的草地和农业区以及敏感的考古场地形成互动。

4. 生活在学习场地

总体规划的各个方面都必须保证女孩们能够直接与环境接触，这一点体现在三个方面：入场顺序和营地核心；小屋和起居区域；以及北部森林密布的冲积平原，包括重要考古遗址和具有独特河流形态的区域。

考虑到土地的合并以及资源的减少，女童军营地必须对服务于广大地区的资源进行有策略的分配，同时持续地吸引来自城市地区的成员。景观中存在着大量纪念La Jita营地的资源。“La Jita”被翻译为“宝贵的财产”。

▶ 与河流的联系：在过去的1个世纪，La Jita营地以碎片化的方式发展，并未考虑到拥有强大力量的河流。由于缺乏能够引导决策的总体规划，原本能够改变环境的历史性决策在数十年间被忽略和曲解

▶ 赞美、纪念、学习、重塑：总体规划必须强调并纪念营地的固有历史。基于区域性的研究成果，设计团队引领客户从过去的开发错误中吸取教训，以推动营地的重塑

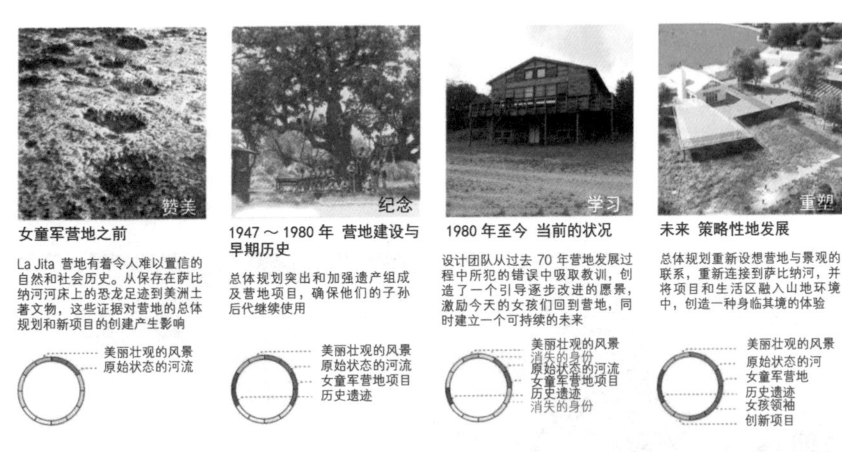

▶ 在STEM这个词汇出现之前，La Jita营地便已经十分重视科学、技术、工程和数学的基础教育。作为“仅限女子”的空间，营地重视学习和探索的使命必须立足于未来

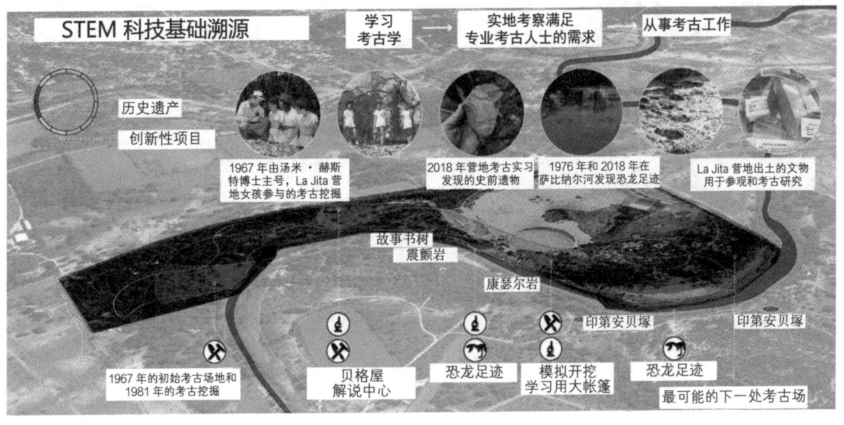

总体规划重新确立了进入营地的方向，使女孩们可以立刻沉浸在历史悠久的景观环境当中。所有的停车场和主要的交通路径均从核心营地中移除，以便在功能元素和日常营地路线之间建立敏感且安全的联系。此外，对建造于20世纪70～90年代的非遗产营地建筑进行了选择性的拆除，以重新定位交通流线，并将视野从原先的内部庭院引向河流与山丘。以上做法使得景观成为决定设施布局的关键因素，并强调将女孩们与环境连接在一起的公共空间的重要性。营地的起居区域围绕在按照年龄划分的小屋区周围，其布局反映了女童军计划的逐级发展。随着女孩们的成长，小屋也将逐渐远离核心区域，直至凌驾于冲积平原的上空。年长一些的女孩将生活在河流区域，与景观连接得更为紧密，且能够获得在高架小屋中居住的独特体验。最高阶的计划是在营地的“内陆”搭建树屋，以感受更加原始的野营体验。

La Jita营地是美国几乎唯一的可供女童军学习考古学知识并参与到正在进行的营地挖掘工作的场地。La Jita营地从一开始便以“STEM”（科学、技术、工程和数学基础教育）为追求，并将其发展为教学理念。总体规划对“STEM”进行了重新构想和改进，使其能够适应考古学实践的各个方面。女孩们将在TARL参观La Jita营地出土的文物，随着资历的增加，她们还将参与到由专业人士带领的现场挖掘工作中。除此之外，计划还将围绕Sabinal河研究场地的独特生态并对水质进行监测，以了解她们日常游泳和重建的自然系统。场地的景观将随着时间的推移不断产生变化，而STEM与营地日常活动的紧密联系以及环保观念也将潜移默化地深入每个女孩的内心。

除了重新构想STEM外，团队还重新考虑了如何最大限度地利用自然环境来促进女童军计划的发展——以女童军为中心的渐进式计划，搭配外部和付费用户计划。该模型创建了一个全年可持续的运营框架，使夏令营资源在非夏季也能够得到利用。具体的实现方式包括优

▲ 营地核心：位于女孩们的日常活动区的中央。它必须指示出返回河流的基本方向，并汇聚一系列辅助性的建筑，以作为女童军在广阔环境中执行任务的背景

化马术设施、建立新的教学中心和泳池以及探险和绳索活动场，并修复具有100多年历史的Bigg宅邸，将其作为游客中心和博物馆使用。以上这些计划不仅能够满足营地设施的市场需要，而且为营地赋予了独一无二的竞争力：拥有其他营地所没有的功能空间以及Sabinal河谷充满活力的美景。

最终，La Jita营地的总体规划完成了三个主要的目标：在女童军与景观之间建立深层次连接；鼓励她们了解并重新创造其赖以生存的家园；创造丰富的体验，使她们在野营经历的影响下，成为环保和STEM领域的领导者。

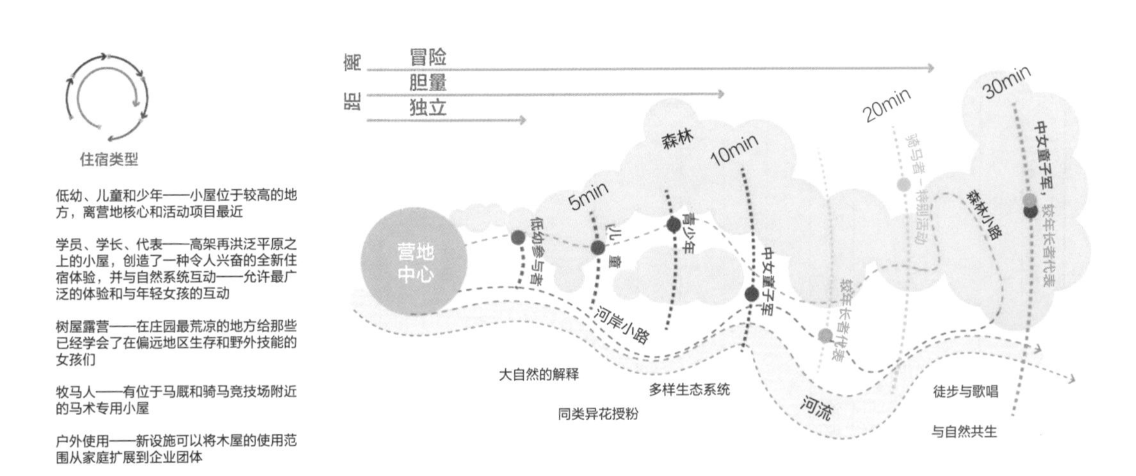

▲ 体验的升级：住宿区的分布反映了女童军逐步升级的任务计划。随着女孩们的成长，小屋也将逐渐远离核心区域，直至高架于冲积平原的上方

▲ 变化的景观：河流的形态为场地带来了考古资源，也为早期人类创造了理想的栖居环境。总体规划提出了与大学、实验室以及野外学校等合作伙伴紧密关联的参与式学习计划

案例分析任务表二十一

项目名称						
项目类型			项目面积			
设计团队			建成年份			
项目所在地			气候特点			
任务一：设计理念与策略分析						
项目的设计理念提炼			项目所采用的设计策略			
场地需解决的问题			解决问题的方法			
业主需求			满足业主需求的方法			
设计目标			实现设计目标的方法			
任务二：区域划分和空间格局						
序号	分区名称	分区依据	分区主要功能	分区主要景观	分区内的园林要素	项目空间格局分析
任务三：思考题						
1. 如何通过精心设计园林入口空间，进而引导使用者的行为顺序？ 2. 如何通过创造更优质的环境空间，为提升人们的环境意识和对公众进行环境价值科普创造条件？						
任务四：个人（或学习小组）对项目的评价						

二、技能训练

用图形表示各功能区的空间布局，分析其与标准的核式布局之间的关系。

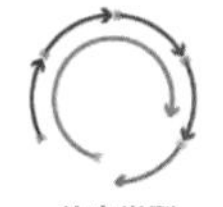

住宿类型

低幼、儿童和少年——小屋位于较高的地方，离营地核心和活动项目最近

学员、学长、代表——高架再洪泛平原之上的小屋，创造了一种令人兴奋的全新住宿体验，并与自然系统互动——允许最广泛的体验和与年轻女孩的互动

树屋露营——在庄园最荒凉的地方给那些已经学会了在偏远地区生存和野外技能的女孩们

牧马人——有位于马厩和骑马竞技场附近的马术专用小屋

户外使用——新设施可以将木屋的使用范围从家庭扩展到企业团体

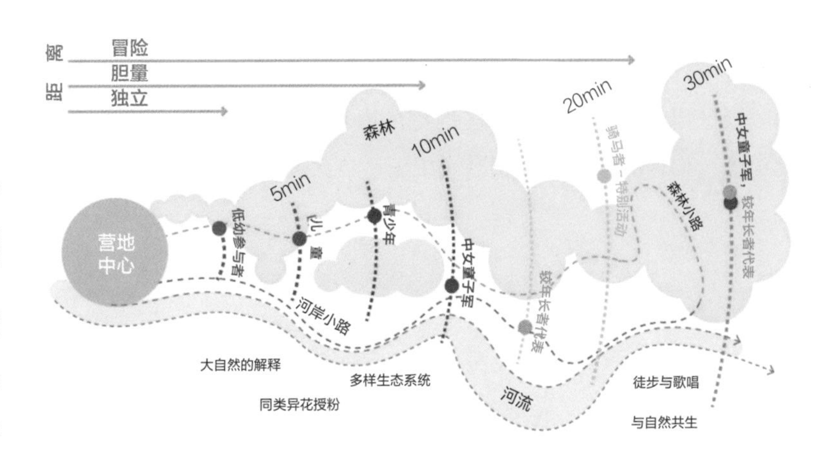

▲ 营地总体规划

三、知识提点

知识点1 游憩行为分类与产品升级

近年来，随着中国经济的迅速发展和居民可支配收入的提高，中国旅游业正在以超过成熟国家数倍的速度飞速发展。而在此过程中，原有的旅游产品与快速提升的旅游消费观念相比，已有较大的脱节，因此，需要更高层次的旅游产品结构。

游赏类别	游赏项目
野外游憩	休闲散步、郊游野游、垂钓、登山攀岩、骑驭
审美欣赏	览胜、摄影、写生、寻幽、访古、寄情、鉴赏、品评、写作、创作
科技教育	考察、探胜探险、观测研究、科普教育、采集、寻根回归、文博展览、纪念、宣传
娱乐体育	游戏娱乐、健身、演艺、体育、水上水下运动、冰雪活动、沙草场活动、其他体智技能运动
修养保健	避暑避寒、野营露营、休养、疗养、海水浴、泥沙浴、日光浴、空气浴、森林浴
其他	民俗节庆、社交聚会、宗教礼仪、购物商贸、劳作体验

知识点2　景区的组织结构

景区的结构布局是在具体分析各景区的潜力与制约因素的基础上，着重研究点与区、区与整体的相关性，通过比较与调整，使风景区的各景区之间形成性质分类、功能分区、成组布局、整体最优的多维网络结构。

游赏系统的基本单位是景物。由景物组合而成的群体环境和意境单元称为景点。由几个景点构成的相对封闭的空间称为景群。通过游览道路和观景点等连接因素将几个景群统一起来，就形成了景区。景区的组织就是把不同风景单元组织在一定结构规律的模型中，使得整个游览系统主次分明，内容丰富。

景点的组织具体包括：景点的构成内容、特征、范围、容量；景点的主次、配景和游赏系列组织；景点的设施配备；景点规划一览表四个部分。

景区组织具体包括：景区的构成内容、特征、范围、容量；景区的结构布局、景观多样化组织；景区的游赏活动和游线组织；景区的设施和交通组织四个部分。

附录　本书在华盛顿协议框架下对学生能力培养的作用

项目	单元1	单元2	单元3	单元4	单元5
1.具有应用数学、科学和工程知识的能力		√	√	√	
2.设计和进行实验，以及分析和解释数据	√	√	√	√	√
3.按照具体要求设计一个系统、零部件或者过程	√	√			
4.在多学科团队中工作	√	√	√	√	√
5.识别、概括和解决工程问题	√	√			
6.理解职业和道德责任	√	√	√	√	√
7.有效沟通的能力	√	√	√	√	√
8.为了理解工程解决方法对全球和社会影响所必须接受的宽泛的教育	√	√	√	√	√
9.认识到终身学习的必要性					
10.对当代问题的了解	√	√	√	√	√
11.能够运用工程实践所需的技术、技能和现代工程工具	√				√

参考文献

[1] 格兰特・W. 里德. 园林景观设计从概念到形式[M]. 郑淮兵，译. 北京:中国建筑工业出版社, 2010.

[2] 诺曼・K. 布思. 风景园林设计要素[M]. 曹礼昆，曹德鲲，译. 北京:北京科学技术出版社, 2018.

[3] 王晓俊. 风景园林设计[M]. 南京:江苏科学技术出版社, 2000.

[4] 彭一刚. 中国古典园林分析[M]. 北京:中国建筑工业出版社, 1986.

[5] 陈玮璐, 张振辉. 教育营地设计相关研究与实践综述[J], 南方建筑, 2022(09):76-86.

[6] 黄芷欣, 罗蓉等. 乡村在地性文化景观保护与发展策略研究[J]. 农业与技术, 2023, 43(08):98-103.

[7] 高颖. 高校景观设计类课程的教学改革研究[J], 工业设计, 2021(07):56-57.

[8] 周林, 过伟敏. 基于中国城市化的红色艺术遗产管理与传承对策研究[J]. 求索, 2015(02):71-75.

[9] 王芳华. 现代极简主义之追根溯源[J]. 四川建筑, 2005(02):57-59.

[10] 周林, 过伟敏. 基于中国城市化的红色艺术遗产管理与传承对策研究[J]. 求索, 2015(02):71-75.

[11] 刘露, 刘雅靓, 徐冉, 等. 中国园林的跨文化传播时空特征及影响因素[J], 中国园林, 2024, 40(5): 70-76.

[12] 刘沛林. 诗意栖居:中国传统人居思想及其现代启示[J]. 社会科学战线,2016(10):25-33.

[13] 彭建伟. 古典园林的生态美学意韵及其对现代城市园林景观设计的启示——以苏州古典园林为例[D]. 南宁:广西民族大学, 2007.

[14] 柯善北. 让家门口的“微幸福”更绚烂[J]. 中华建设,2024(08):1-2.